FRANZ TRIEBEL

RECHEN-LEITFADEN

FÜR ALLE BERUFSSTÄNDE

Praktisches Rechnen nach Beispielen

Rechen-Leitfaden für alle Berufsstände

nebst einem Verzeichnis der unteilbaren Zahlen (Primzahlen) bis 10 000 und einem Anhang für Papierberechnung

Herausgegeben von

F. Triebel

Techn. Oberinspektor
der Reichsdruckerei a. D.

Fünfte Auflage
37. bis 40. Tausend

Technischer Verlag Herbert Cram
Berlin W 35

1949

Printed in Germany
Druck: Walter, Berlin SW 29, 4000, 11. 48

Vorwort

Die in der Schule erworbenen Rechenkenntnisse geraten allgemein sehr bald in Vergessenheit, und so ist die Zahl derjenigen außerordentlich hoch, denen sogar einfache Arten des Rechnens nicht geläufig sind.

Vorliegender Rechen-Leitfaden bringt in kurzer, leicht verständlicher Form die gebräuchlichsten Rechenarten in Erinnerung und wirkt durch Beispiele aus dem Erwerbsleben belehrend auf diejenigen, die sich für ihren Beruf fortbilden wollen. Eltern schulpflichtiger Kinder können ihn sowohl zur Prüfung der Schularbeiten als auch zur Nachhilfe verwenden.

Flächen- und Körperberechnungen sind ohne mathematische Formeln kurz und einfach dargestellt, so daß sie sich auch ohne Vorkenntnisse von jedermann leicht ausführen lassen.

Bei der Anordnung des Schriftsatzes ist durch die seitenweisen Abschlüsse und Gegenüberstellungen eine große Übersichtlichkeit erreicht worden. Diese Art der Darstellung des Lehrstoffes soll denn auch ein besonderer Vorzug meines Leitfadens sein.

Möge das Buch auch fernerhin sich recht viele Freunde erwerben und allen seinen Besitzern Vorteile bringen.

Berlin-Wilmersdorf, im Juli 1936.

F. Triebel

Inhaltsübersicht

Addition von Dezimalzahlen

Komma unter Komma stellen, dann addieren (zusammenzählen)

Beispiele:

Dezimalzahlen	Dezimalzahlen und ganze Zahlen
8,41	4 538,45
817,5	862
0,325	6,7456
43,08	45,8
45 732,6835	23 643
46 601,9985	29 095,9956

Subtraktion von Dezimalzahlen

Komma unter Komma stellen, dann subtrahieren (abziehen)

Beispiele:

Dezimalzahlen	Dezimalzahlen und ganze Zahlen
16 324,7815	27 684,3455
— 5 816,42	— 3 461
10,508,3615	24 223,3455

175,863	1 452,5	1 435	27,762
— 52,3	— 148,275	— 6,82	— 12
123,563	1 304,225	1 428,18	15,762

Multiplikation von Dezimalzahlen

Multiplizieren wie gewöhnliche Zahlen und vom Ergebnis von rechts nach links so viel Stellen abstreichen, wie beide Zahlen zusammen nach dem Komma Stellen haben.

Beispiele:

Dezimalzahlen

8436,2 × 75,4	76,3425 × 2,37
337448	5343975
421810	2290275
590534	1526850
636089,48	180,931725

Dezimalzahlen und ganze Zahlen

735,82 × 364	46583 × 67,9
294328	419247
441492	326081
220746	279498
267838,48	3162985,7

Mit 10, 100, 1000 usw. werden Dezimalzahlen multipliziert, indem das Komma der zu multiplizierenden Zahl (Multiplikandus) um so viel Stellen nach rechts gerückt wird, wie die Zahl, mit der zu multiplizieren ist (Multiplikator) Nullen hat. Sind hinter dem Komma des Multiplikandus nicht genügend Zahlen vorhanden, dann an das Resultat (Ergebnis) entsprechend Nullen anhängen. (Siehe nachstehende Beispiele mit 1000 und 10 000.)

136,5 × 10 = 1365	54,893 × 1000 = 54893
2,486 × 10 = 24,86	76,2 × 1000 = 76200
0,85 × 100 = 85	5,7 × 10000 = 57000
27,762 × 100 = 2776,2	21,26285 × 10000 = 212628,5

Division von Dezimalzahlen

Den Divisor (Teiler) umwandeln zur ganzen Zahl durch Streichen des Kommas; den Dividendus (zu teilende Zahl) durch Versetzen des Kommas entsprechend vervielfachen.

Beispiele:

Dezimalzahlen

43,719 : 0,13
umgewandelt:

```
4371,9 : 13 = 336,3
39
 47
 39
  81
  78
   39
   39
```

Kürzer:

```
4371,9 : 13 = 336,3
 47
  81
   39
```

539,75 : 63,5
umgewandelt:

```
5397,5 : 635 = 8,5
5080
 3175
 3175
```

0,249 : 41,5
umgewandelt:
2,49 : 415 = 0,006

Dezimalzahlen und ganze Zahlen

Ist der Dividendus eine Dezimalzahl und der Divisor eine ganze Zahl, dann beim Ergebnis das Komma setzen, ehe die erste Stelle rechts vom Komma heruntergeholt wird.

```
1897,5 : 275 = 6,9
1650
 2475
 2475
```

Ist der Dividendus eine ganze Zahl und der Divisor eine Dezimalzahl, dann — der Vergrößerung des Divisors entsprechend — Nullen anhängen.

4725 : 0,45

```
472500 : 45 = 10500
 225
   00
```

Durch 10, 100, 1000 usw. werden Dezimalzahlen geteilt, indem das Komma um so viel Stellen nach links gerückt wird, wie der Divisor Nullen hat. Sind vor dem Komma nicht genügend Zahlen vorhanden, dann entsprechend Nullen vorsetzen.

168,5 : 10 = 16,85 | 47,67 : 100 = 0,4767 | 4,2 : 1000 = 0,0042

Addition von Brüchen

I. Gewöhnliche Brüche

Bei gleichnamigen Brüchen (Brüche mit gleichen Nennern) nur die Zähler addieren ($^2/_9 + ^5/_9 = ^7/_9$). Ungleichnamige Brüche mittels Generalnenner gleichnamig machen, dann die Zähler addieren. (Zähler steht über, Nenner unter dem Bruchstrich.)

Beispiele:

$$^3/_4 + ^2/_3 + ^4/_5$$

Ermittlung des Generalnenners:

Bei Brüchen ohne gemeinsamen Teiler nur die Nenner multiplizieren

$$4 \times 3 \times 5 = 60$$

	60		
$^3/_4$	45	$(60 : 4 = 15 \times 3 = 45)$	Nenner geteilt in Generalnenner, Ergebnis multipliziert mit Zähler
$^2/_3$	40	$(60 : 3 = 20 \times 2 = 40)$	
$^4/_5$	48	$(60 : 5 = 12 \times 4 = 48)$	

$$133 : 60 = 2^{13}/_{60}$$

$$^1/_2 + ^2/_3 + ^3/_4 + ^5/_6 + ^3/_8 + ^7/_{12}$$

Ermittlung des Generalnenners:

Bei Brüchen mit gemeinsamen Teilern Nenner nebeneinandersetzen; davor eine senkrechte Linie ziehen; vor dieselbe die Divisorzahl, durch welche mehrere der Nenner sich ohne Rest teilen lassen. Die Zahlen, die sich nicht teilen lassen, ungeteilt unter die Linie setzen.

	24
$^1/_2$	12
$^2/_3$	16
$^3/_4$	18
$^5/_6$	20
$^3/_8$	9
$^7/_{12}$	14

$$89 : 24 = 3^{17}/_{24}$$

	2	3	4	6	8	12
2	.	3	2	3	4	6
2	.	3	.	3	2	3
3	.	.	.	.	2	.

Generalnenner: $2 \times 2 \times 3 \times 2 = 24$

Regeln über die Teilbarkeit der Zahlen siehe Seite 16 und 17

II. Gemischte Brüche

(Brüche mit ganzen Zahlen)

Bei gemischten Brüchen erst die Brüche und die ganzen Zahlen, dann beide Ergebnisse zusammenzählen.

Beispiel: $1^1/_4 + 3^3/_5 + {}^5/_6 + 4^3/_8 + 6^5/_{12} + {}^{15}/_{16}$

Ermittlung des Generalnenners:

(Siehe Anleitung auf Seite 8)

	240
$1^1/_4$	60
$3^3/_5$	144
$^5/_6$	200
$4^3/_8$	90
$6^5/_{12}$	100
$^{15}/_{16}$	225
14	$^{819}/_{240}$

	4	5	6	8	12	16
2	2	5	3	4	6	8
2	.	5	3	2	3	4
2	.	5	3	.	3	2
3	.	5	.	.	.	2

Generalnenner: $2 \times 2 \times 2 \times 3 \times 5 \times 2 = 240$

14 $\quad ^{819}/_{240} = 3^{99}/_{240}$, gekürzt durch $3 = 3^{33}/_{80}$

Ergebnis: $14 + 3^{33}/_{80} = 17^{33}/_{80}$

III. Brüche und Dezimalzahlen

Dezimalzahlen in Brüche oder letztere in Dezimalzahlen verwandeln, dann zusammenzählen.

Beispiele:

$4^5/_8 + 1{,}75$

Bei Verwandlung in Bruch

$1{,}75 = 1^{75}/_{100} = 1^3/_4$

$4^5/_8 + 1^3/_4 = 6^3/_8$

Dezimalzahl wird in Bruch verwandelt unter Berücksichtigung der Stellung des Kommas.

$0{,}4 = {}^4/_{10}$, gekürzt $= {}^2/_5$

$0{,}75 = {}^{75}/_{100}$ „ $= {}^3/_4$

$0{,}125 = {}^{125}/_{1000}$ „ $= {}^1/_8$

Bei Verwandlung in Dezimalzahl

$4^5/_8 = 4{,}625$

$4{,}625 + 1{,}75 = 6{,}375$

Bruch wird in Dezimalzahl verwandelt durch Division (Teilen) des Nenners in den Zähler.

$^2/_5 = 2 : 5 = 0{,}4$

$^3/_4 = 3 : 4 = 0{,}75$

$^5/_{12} = 5 : 12 = 0{,}4166\ldots$

Subtraktion von Brüchen

I. Gewöhnliche Brüche

Bei gleichnamigen Brüchen (Brüche mit gleichen Nennern) nur die Zähler voneinander abziehen ($5/9 - 2/9 = 3/9$, gekürzt $= 1/3$). Ungleichnamige Brüche mittels Generalnenner erst gleichnamig machen (s. S. 8 u. 9), dann die Zähler voneinander abziehen.

Beispiele:

$1/2 - 1/3$

	6
$1/2$	2
$- 1/3$	3
$1/6$	

$7/8 - 3/4$

	8
$7/8$	7
$- 3/4$	6
$1/8$	

$4/5 - 2/3$

	15
$4/5$	12
$- 2/3$	10
$2/15$	

II. Gemischte Brüche

(Brüche mit ganzen Zahlen)

Bei gemischten Brüchen erst die Brüche mittels Generalnenner gleichnamig machen, dann Brüche und Ganze voneinander abziehen.

Beispiele:

$5\,2/3 - 1\,1/4$

	12
$5\,2/3$	8
$- 1\,1/4$	3
4	$5/12$

$16\,1/3 - 4\,1/2$

	6	
$16\,1/3$	$2 + 6 = 8$*	
$- 4\,1/2$	3	3
11		$5/6$

$15\,7/9 - 4\,5/12$

	36
$15\,7/9$	28
$- 4\,5/12$	15
11	$13/36$

*) Da $3/6$ nicht von $2/6$ abzuziehen sind, ist von den 16 Ganzen ein Ganzes $= 6/6$ wegzunehmen; zu $2/6$ zugezählt ergibt $8/6$

Regeln über die Teilbarkeit der Zahlen siehe Seite 16 und 17.
Verzeichnis der Unteilbaren Zahlen siehe Seite 18—20.

III. Brüche und ganze Zahlen

Von der ganzen Zahl erst die dem Nenner des Bruches entsprechende Einheit abnehmen; dann abziehen.

Beispiele:

$19 - {}^{5}/_{8}$	$16 - 3^{2}/_{9}$	$50 - 24^{7}/_{16}$
$19 - {}^{8}/_{8} = 18^{8}/_{8}$	$16 - {}^{9}/_{9} = 15^{9}/_{9}$	$50 - {}^{16}/_{16} = 49^{16}/_{16}$
$- \; {}^{5}/_{8}$	$- \; 3^{2}/_{9}$	$24^{7}/_{16}$
$18^{3}/_{8}$	$12^{7}/_{9}$	$25^{9}/_{16}$

IV. Brüche und Dezimalzahlen

Den Bruch in eine Dezimalzahl oder letztere in einen Bruch verwandeln; dann abziehen.

(Verwandlung siehe Seite 9, III)

Beispiele:

$65^{1}/_{8} - 2{,}45$	$18{,}35 - 3^{2}/_{5}$

Bei Verwandlung des Bruches in eine Dezimalzahl:

$65^{1}/_{8} = 65{,}125$	$18{,}35$
$- \; 2{,}45$	$3^{2}/_{5} = \; - \; 3{,}40$
$62{,}675$	$14{,}95$

Bei Verwandlung der Dezimalzahl in einen Bruch:

$2{,}45 = 2^{45}/_{100}$, gekürzt $2^{9}/_{20}$	$18{,}35 = 18^{35}/_{100}$, gekürzt $18^{7}/_{20}$
40	20
$65^{1}/_{8}$ | 45 (5+40)*	$18^{7}/_{20}$ | 27 (7+20)*
$- \; 2^{9}/_{20}$ | 18	$- \; 3^{2}/_{5}$ | 8
$62 \; {}^{27}/_{40}$	$14 \; {}^{19}/_{20}$

*) Von den Ganzen ist ein Ganzes (${}^{40}/_{40}$ bzw. ${}^{20}/_{20}$) abzunehmen und den Bruchteilen zuzuzählen, weil sich die untere Zahl von der oberen sonst nicht abziehen läßt.

Multiplikation von Brüchen

I. Gewöhnliche Brüche

Zähler mit Zähler und Nenner mit Nenner multiplizieren. Bei mehreren Brüchen einen Strich ziehen; über denselben alle Zähler, unter denselben alle Nenner setzen; dann soviel wie möglich heben (kürzen), d. h. Zahlen über dem Strich mit Zahlen unter dem Strich durch gemeinschaftliche Teiler teilen. Hiernach Zähler mit Zähler und Nenner mit Nenner multiplizieren.

Beispiele:

$$^3/_8 \times {}^4/_9 = \frac{3 \times 4}{8 \times 9} = {}^{12}/_{27}, \text{ gekürzt durch } 12 = {}^1/_6$$

oder mit vorherigem Kürzen:

$$\frac{3 \times 4}{8 \times 9} \begin{matrix} \text{gekürzt 3 und 9 durch 3} = \\ \text{„ 4 „ 8 „ 4} = \end{matrix} \frac{1 \times 1}{2 \times 3} = {}^1/_6$$

$$^3/_4 \times {}^2/_5 \times {}^5/_7 \times {}^4/_9$$

$$\frac{3 \times 2 \times 5 \times 4}{4 \times 5 \times 7 \times 9} \text{ gekürzt: } \frac{1 \times 2 \times 1 \times 1}{1 \times 1 \times 7 \times 3} = {}^2/_{21}$$

II. Gemischte Brüche

(Brüche mit ganzen Zahlen)

Gemischte Brüche erst verwandeln; dann wie bei gewöhnlichen Brüchen Zähler × Zähler, Nenner × Nenner.

Beispiele:

$$3^1/_2 \times {}^5/_8 \; (3^1/_2 = 3 \times 2 + 1 = {}^7/_2) \text{ also } \frac{7 \times 5}{2 \times 8} = {}^{35}/_{16} = 2^3/_{16}$$

$$2^1/_2 \times 2^4/_5 \times 3^1/_6 \times 1^5/_7$$

$$\text{verwandelt: } \frac{5 \times 14 \times 19 \times 12}{2 \times 5 \times 6 \times 7} \text{ gekürzt: } \frac{1 \times 2 \times 19 \times 1}{1 \times 1 \times 1 \times 1} = 38$$

III. Brüche und ganze Zahlen

Die ganze Zahl mit dem Zähler des Bruches multiplizieren; wenn möglich zuvor Nenner und ganze Zahl teilen oder kürzen. Bei gemischten Brüchen erst die ganzen Zahlen, dann die ganze Zahl mit dem Bruch multiplizieren und beide Ergebnisse zusammenzählen.

Beispiele:

$$2/3 \times 4 = \frac{2 \times 4}{3} = 8/3 = 2\,2/3 \qquad 6 \times 2/5 = \frac{6 \times 2}{5} = 12/5 = 2\,2/5$$

$$3/8 \times 64 = \frac{3 \times 64}{8} \text{ gekürzt: } \frac{3 \times 8}{1} = 24$$

$$5\,3/8 \times 7 = 5 \times 7 = 35$$
$$3/8 \times 7 = 21/8 = 2\,5/8$$
$$\text{zusammen} = 37\,5/8$$

$$2 \times 5\,4/7 = 2 \times 5 = 10$$
$$2 \times 4/7 = 8/7 = 1\,1/7$$
$$\text{zusammen} = 11\,1/7$$

IV. Brüche und Dezimalzahlen

Den Zähler des Bruches mit der Dezimalzahl multiplizieren, das Ergebnis mit dem Nenner teilen; gemischte Brüche zuvor verwandeln.

Beispiele:

$$3/4 \times 0{,}6 = \frac{3 \times 0{,}6}{4} = 1{,}8 : 4 = 0{,}45$$

$$2\,5/8 \times 2{,}4 = \frac{21 \times 2{,}4}{8} = 50{,}4 : 8 = 6{,}3$$

oder mit vorherigem Kürzen:

$$\frac{21 \times 2{,}4}{8} \text{ gekürzt: } \frac{21 \times 0{,}3}{1} = 6{,}3$$

Regeln über die Teilbarkeit der Zahlen siehe Seite 16 und 17

Division von Brüchen

I. Gewöhnliche Brüche

Bei gleichnamigen Brüchen (Brüche mit gleichen Nennern) nur den Zähler des Divisors (Teiler) in den Zähler des Dividendus (zu teilende Zahl) dividieren ($^8/_9 : {^2/_9} = 4$). Ungleichnamige Brüche mittels Generalnenner erst gleichnamig machen (siehe Seite 8).

Kürzeres Verfahren: Den Divisor (Teiler) umkehren, dann Zähler mit Zähler, Nenner mit Nenner multiplizieren.

Beispiele:

$^4/_5 : {^2/_3}$

Generalnenner 15

$^4/_5 = {^{12}/_{15}}, \; {^2/_3} = {^{10}/_{15}}$

$12 : 10 = 1^2/_{10} = 1^1/_5$

$^{14}/_{15} : {^7/_{12}}$

Generalnenner 60

$^{14}/_{15} = {^{56}/_{60}}, \; {^7/_{12}} = {^{35}/_{60}}$

$56 : 35 = 1^{21}/_{35} = 1^3/_5$

Kürzeres Verfahren mit Umkehren des Teilers:

$$\frac{4 \times 3}{5 \times 2} \text{ gekürzt } \frac{2 \times 3}{5 \times 1} = {^6/_5} = 1^1/_5$$

$$\frac{14 \times 12}{15 \times 7} \text{ gekürzt } \frac{2 \times 4}{5 \times 1} = {^8/_5} = 1^3/_5$$

II. Gemischte Brüche

(Brüche mit ganzen Zahlen)

Gemischte Brüche erst verwandeln ($1^3/_4 = {^7/_4}$), den Divisor umkehren, dann Zähler mit Zähler, Nenner mit Nenner multiplizieren.

Beispiele:

$3^1/_2 \; (^7/_2) : {^1/_5}$

$$\frac{7 \times 5}{2 \times 1} {^{35}/_2} = 17^1/_2$$

$^3/_5 : 1^5/_8 \; (^{13}/_8)$

$$\frac{3 \times 8}{5 \times 13} = {^{24}/_{65}}$$

$$5^1/_4 : 3^1/_2 = \frac{21 \times 2}{4 \times 7} \text{ gekürzt } \frac{3 \times 1}{2 \times 1} = 1^1/_2$$

III. Brüche und ganze Zahlen

Bei Teilung eines Bruches durch eine ganze Zahl diese mit dem Nenner des Bruches multiplizieren oder in den Zähler desselben teilen. Letzteres ist einfacher, aber nur anwendbar, wenn sich die ganze Zahl ohne Rest in den Zähler teilen läßt. Bei Teilung einer ganzen Zahl durch einen Bruch diesen umkehren und die ganze Zahl mit dem neuen Zähler multiplizieren.

Beispiele:

$^{14}/_{15} : 7\ (7 \times 15) = {}^{14}/_{105} = {}^{2}/_{15}$ | $3^{1}/_{5}\ ({}^{16}/_{5}) : 8 = (5 \times 8)\ {}^{16}/_{40} = {}^{2}/_{5}$

oder bei Teilung in den Zähler:

$^{14}/_{15} : 7\ (14 : 7) = {}^{2}/_{15}$ | $3^{1}/_{5}\ ({}^{16}/_{5}) : 8 = (16 : 8) = {}^{2}/_{5}$

$4 : {}^{3}/_{5} = (4 \times {}^{5}/_{3}) = {}^{20}/_{3} = 6^{2}/_{3}$ | $15 : 1^{3}/_{4}\ (15 \times {}^{4}/_{7}) = {}^{60}/_{7} = 8^{4}/_{7}$

IV. Brüche und Dezimalzahlen

Bei Teilung eines Bruches durch eine Dezimalzahl den Bruch in eine Dezimalzahl oder diese in einen Bruch verwandeln. (Verwandlung siehe Seite 9, III). Das Rechnen mit Brüchen ist jedoch einfacher. Bei Teilung einer Dezimalzahl durch einen Bruch die Dezimalzahl mit dem Nenner des Bruches multiplizieren und durch den Zähler teilen.

Beispiele:

$^{5}/_{9} : 0{,}6\ ({}^{6}/_{10})$

$$\frac{5 \times 10}{9 \times 6}\ {}^{50}/_{54} = {}^{25}/_{27}$$

$3^{2}/_{5}\ ({}^{17}/_{5}) : 1{,}36\ ({}^{136}/_{100})$

$$\frac{17 \times 100}{5 \times 136} \text{ gekürzt: } \frac{1 \times 5}{1 \times 2} = 2^{1}/_{2}$$

$1{,}41 : {}^{3}/_{7}$

$$\frac{1{,}41 \times 7}{3} \text{ gekürzt } \frac{0{,}47 \times 7}{1} = 3{,}29$$

$2{,}31 : 1^{3}/_{4}\ ({}^{7}/_{4})$

$$\frac{2{,}31 \times 4}{7} \text{ gekürzt: } \frac{0{,}33 \times 4}{1} = 1{,}32$$

Regeln über die Teilbarkeit der Zahlen

Eine Zahl ist teilbar

durch **2**, wenn die letzte rechtsstehende Ziffer (Einerstelle) durch 2 teilbar ist, oder wenn sie auf 0 endigt; also jede gerade Zahl. 2 ist die einzige gerade Zahl, die eine Primzahl (unteilbare Zahl) ist.

„ **3**, wenn die Quersumme durch 3 teilbar ist. Unter Quersumme versteht man die Summe der Ziffern, mit denen sie geschrieben ist. (Die Quersumme von 1182 ist 1+1+8+2=12.)

„ **4**, wenn die durch die beiden letzten rechtsstehenden Ziffern dargestellte Zahl (Einer- und Zehnerstelle) durch 4 teilbar ist, oder wenn sie auf 00 endigt. (1124 ist durch 4 teilbar, weil sich 24 durch 4 teilen läßt.)

„ **5**, wenn sie auf 0 oder 5 endigt.

„ **6**, wenn sie durch 2 und 3 teilbar ist; jede durch 3 teilbare g e r a d e Zahl ist durch 6 teilbar.

„ **7**, wenn bei der Subtraktion der drei letzten rechtsstehenden Ziffern mit der andern Zahl ein durch 7 teilbarer Rest entsteht; z. B. 410 298 (410—298, Rest 112) ist durch 7 teilbar.

„ 8, wenn sie auf 000 endigt, oder wenn die durch die drei letzten rechtsstehenden Ziffern dargestellte Zahl durch 8 teilbar ist. (5104 ist durch 8 teilbar, weil 104 sich durch 8 teilen läßt.)

„ **9**, wenn ihre Quersumme durch 9 teilbar ist.

„ **10**, wenn sie auf 0 endigt.

„ **11**, wenn der Unterschied zwischen der Quersumme der ungeradstelligen (an erster, dritter, fünfter usw. Stelle stehenden) und der geradstelligen (an zweiter, vierter, sechster usw. Stelle stehenden) Ziffern 0 oder einen durch 11 teilbaren Wert ergibt. (Von 1375 ist die Quersumme der ungeradstelligen Ziffern 1 + 7 = 8; die der geradstelligen 3 + 5 = 8. Unterschied: 8—8 = 0; also ist 1375 durch 11 teilbar. Von 41129 ist die Summe der ungeradstelligen Ziffern 4+1+9=14, die der geradstelligen 1+2=3. Unterschied: 14—3=11; also ist 41 129 durch 11 teilbar.)

„ **12**, wenn sie durch 3 und 4 teilbar ist.

„ **13**, wenn bei der Subtraktion der drei letzten rechtstehenden Ziffern mit der andern Zahl ein durch 13 teilbarer Rest entsteht; z. B. 349 245 (349—245, Rest 104) ist durch 13 teilbar.

„ **15**, wenn sie durch 3 und 5 teilbar ist.

20, wenn sie auf 00 endigt; oder wenn sie auf 0 endigt und die davorstehende Zahl eine gerade ist; z. B. sind 1300 und 1740 durch 20 teilbar.

25, wenn die durch die beiden letzten rechtsstehenden Ziffern dargestellte Zahl durch 25 teilbar ist, also jede Zahl, die mit 25, 50, 75 oder 00 endigt.

Unteilbare Zahlen heißen Primzahlen. (Siehe Verzeichnis der Primzahlen bis 10 000 auf Seite 18—20.)

Die Quersumme irgendeiner Zahl abgezogen von dieser ergibt stets einen durch 9 teilbaren Rest; z. B. von 37 862 die Quersumme (3+7+8+6+2) 26 abgezogen ergibt den durch 9 teilbaren Rest 37836.

Der Wert eines Bruches bleibt unverändert, wenn Zähler und Nenner sich durch dieselbe Zahl teilen lassen; z. B. $^{28}/_{35}$ gekürzt durch 7 = $^{4}/_{5}$; $^{91}/_{169}$ gekürzt durch 13 = $^{7}/_{13}$.

Um den größten gemeinschaftlichen Teiler bei größeren Zahlen zu finden, teilt man die größere Zahl durch die kleinere; teilt dann den Divisor durch den bei der ersten Division erhaltenen Rest; alsdann den Divisor der zweiten Division durch den Rest der zweiten Division usw. bis zu derjenigen Division, die als Rest 0 ergibt. Der letzte Divisor ist dann der größte gemeinschaftliche Teiler.

Beispiele:

Suche den größten gemeinschaftlichen Teiler von:

672 und 735	2812 und 3071
735 : 672 = 1	3071 : 2812 = 1
672 : 63 = 10	2812 : 259 = 10
63 : 42 = 1	259 : 222 = 1
42 : 21 = 2	222 : 37 = 6
Der größte gemeinschaftliche Teiler ist also 21	Der größte gemeinschaftliche Teiler ist also 37

F. Triebels „Teilbar durch“ gibt alle Teiler der Zahlen von 1 bis 1000 an (s. 4. Umschlagseite).

Verzeichnis der unteilbaren Zahlen (Primzahlen) bis 10000

Bei jedem neuen Hundert ist die erste Zahl durch fette Ziffern gekennzeichnet; zur Raumersparnis sind bei den übrigen nur die Einer und Zehner angegeben.

1 2 3 5 7 11 13 17 19 23 29
31 37 41 43 47 53 59 61 67 71
73 79 83 89 97

101 03 07 09 13 27 31 37 39
49 51 57 63 67 73 79 81 91
93 97 99

211 23 27 29 33 39 41 51 57
63 69 71 77 81 83 93

307 11 13 17 31 37 47 49 53
59 67 73 79 83 89 97

401 09 19 21 31 33 39 43 49
57 61 63 67 79 87 91 99

503 09 21 23 41 47 57 63 69
71 77 87 93 99

601 07 13 17 19 31 41 43 47
53 59 61 73 77 83 91

701 09 19 27 33 39 43 51 57
61 69 73 87 97

809 11 21 23 27 29 39 53 57
59 63 77 81 83 87

907 11 19 29 37 41 47 53 67
71 77 83 91 97

1009 13 19 21 31 33 39 49 51
61 63 69 87 91 93 97

1103 09 17 23 29 51 53 63 71
81 87 93

1201 13 17 23 29 31 37 49 59
77 79 83 89 91 97

1301 03 07 19 21 27 61 67 73
81 99

1409 23 27 29 33 39 47 51 53
59 71 81 83 87 89 93 99

1511 23 31 43 49 53 59 67 71
79 83 97

1601 07 09 13 19 21 27 37 57
63 67 69 93 97 99

1709 21 23 33 41 47 53 59 77
83 87 89

1801 11 23 31 47 61 67 71 73
77 79 89

1901 07 13 31 33 49 51 73 79
87 93 97 99

2003 11 17 27 29 39 53 63 69
81 83 87 89 99

2111 13 29 31 37 41 43 53 61
79

2203 07 13 21 37 39 43 51 67
69 73 81 87 93 97

2309 11 33 39 41 47 51 57 71
77 81 83 89 93 99

2411 17 23 37 41 47 59 67 73
77

2503 21 31 39 43 49 51 57 79
91 93

2609 17 21 33 47 57 59 63 71
77 83 87 89 93 99

27 07 11 13 19 29 31 41 49 53 67 77 89 91 97

28 01 03 19 33 37 43 51 57 61 79 87 97

29 03 09 17 27 39 53 57 63 69 71 99

30 01 11 19 23 37 41 49 61 67 79 83 89

31 09 19 21 37 63 67 69 81 87 91

32 03 09 17 21 29 51 53 57 59 71 99

33 01 07 13 19 23 29 31 43 47 59 61 71 73 89 91

34 07 13 33 49 57 61 63 67 69 91 99

35 11 17 27 29 33 39 41 47 57 59 71 81 83 93

36 07 13 17 23 31 37 43 59 71 73 77 91 97

37 01 09 19 27 33 39 61 67 69 79 93 97

38 03 21 23 33 47 51 53 63 77 81 89

39 07 11 17 19 23 29 31 43 47 67 89

40 01 03 07 13 19 21 27 49 51 57 73 79 91 93 99

41 11 27 29 33 39 53 57 59 77

42 01 11 17 19 29 31 41 43 53 59 61 71 73 83 89 97

43 27 37 39 49 57 63 73 91 97

44 09 21 23 41 47 51 57 63 81 83 93

45 07 13 17 19 23 47 49 61 67 83 91 97

46 03 21 37 39 43 49 51 57 63 73 79 91

47 03 21 23 29 33 51 59 83 87 89 93 99

48 01 13 17 31 61 71 77 89

49 03 09 19 31 33 37 43 51 57 67 69 73 87 93 99

50 03 09 11 21 23 39 51 59 77 81 87 99

51 01 07 13 19 47 53 67 71 79 89 97

52 09 27 31 33 37 61 73 79 81 97

53 03 09 23 33 47 51 81 87 93 99

54 07 13 17 19 31 37 41 43 49 71 77 79 83

55 01 03 07 19 21 27 31 57 63 69 73 81 91

56 23 39 41 47 51 53 57 59 69 83 89 93

57 01 11 17 37 41 43 49 79 83 91

58 01 07 13 21 27 39 43 49 51 57 61 67 69 79 81 97

59 03 23 27 39 53 81 87

60 07 11 29 37 43 47 53 67 73 79 89 91

61 01 13 21 31 33 43 51 63 73 97 99

62 03 11 17 21 29 47 57 63 69 71 77 87 99

63 01 11 17 23 29 37 43 53 59 61 67 73 79 89 97

64 21 27 49 51 69 73 81 91

65 21 29 47 51 53 63 69 71 77 81 99

66 07 19 37 53 59 61 73 79 89 91

67 01 03 09 19 33 37 61 63 79 81 91 93

68 03 23 27 29 33 41 57 63 69 71 83 99

69 07 11 17 47 49 59 61 67 71 77 83 91 97

70 01 13 19 27 39 43 57 69 79

71 03 09 21 27 29 51 59 77 87 93

72 07 11 13 19 29 37 43 47 53 83 97

73 07 09 21 31 33 49 51 69 93

74 11 17 33 51 57 59 77 81 87 89 99

75 07 17 23 29 37 41 47 49 59 61 73 77 83 89 91

76 03 07 21 39 43 49 69 73 81 87 91 99

77 03 17 23 27 41 53 57 59 89 93

78 17 23 29 41 53 67 73 77 79 83

79 01 07 19 27 33 37 49 51 63 93

80 09 11 17 39 53 59 69 81 87 89 93

81 01 11 17 23 47 61 67 71 79 91

82 09 19 21 31 33 37 43 63 69 73 87 91 93 97

83 11 17 29 53 63 69 77 87 89

84 19 23 29 31 43 47 61 67

85 01 13 21 27 37 39 43 63 73 81 97 99

86 09 23 27 29 41 47 63 69 77 81 89 93 99

87 07 13 19 31 37 41 47 53 61 79 83

88 03 07 19 21 31 37 39 49 61 63 67 87 93

89 23 29 33 41 51 63 69 71 99

90 01 07 11 13 29 41 43 49 59 67 91

91 03 09 27 33 37 51 57 61 73 81 87 99

92 03 09 21 27 39 41 57 77 81 83 93

93 11 19 23 37 41 43 49 71 77 91 97

94 03 13 19 21 31 33 37 39 61 63 67 73 79 91 97

95 11 21 33 39 47 51 87

96 01 13 19 23 29 31 43 49 61 77 79 89 97

97 19 21 33 39 43 49 67 69 81 87 91

98 03 11 17 29 33 39 51 57 59 71 83 87

99 01 07 23 29 31 41 49 67 73

Aus F. Triebels „Teilbar durch?"

Quadratwurzel

Wird eine Zahl einmal mit sich selbst multipliziert, dann bezeichnet man das Ergebnis mit Quadrat ($8 \times 8 = 64$); die Zahl, mit der diese Multiplikation ausgeführt worden ist, nennt man Quadratwurzel. Um anzugeben, daß eine Zahl einmal mit sich selbst multipliziert werden soll, setzt man rechts daneben eine kleine 2 ($8^2 = 64$). Als Zeichen für die Ermittlung der Quadratwurzel setzt man vor die Zahl $\sqrt{}$

($\sqrt{64} = 8$).

Die Errechnung der Quadratwurzel erfolgt nach der Formel:

$$a^2 + 2ab + b^2$$

Beispiele:

Zahlen von rechts nach links in Gruppen zu 2 Zahlen teilen; die Quadratwurzel der ersten Gruppe (a^2 der Formel) ist das erste Teilergebnis. An den Rest die erste Ziffer der zweiten Gruppe anhängen und ihn teilen mit dem Teilergebnis der Wurzel, das zuvor mit 2 zu multiplizieren ist (2a der Formel). Das Ergebnis dieser Teilung ist das zweite Teilergebnis der Quadratwurzel. Nach der Multiplikation (2ab der Formel) an den Rest die zweite Ziffer der zweiten Gruppe anhängen und von dieser Zahl die zweite Ziffer der Wurzel — einmal mit sich selbst multipliziert — abziehen (b^2 der Formel). Hat die Wurzel mehr als 2 Ziffern, dann werden die nächsten Teiler (2a) aus den bereits ermittelten Zahlen der Wurzel — mit 2 multipliziert — gebildet. Von dem Rest auch 2ab und b^2 abziehen.

Kürzeres Verfahren siehe nächste Seite.

$$\sqrt{8|41} = 29$$
$$a^2 = 2 \times 2 = \underline{4}$$
$$2a = (2 \times 2) = 4 : 44 = 9$$
$$-2ab = (4 \times 9) = \underline{36}$$
$$81$$
$$-b^2 (9 \times 9) = \underline{81}$$

Bei der Teilung (Division) durch 2a darauf achten, daß von dem Rest noch b^2 abzuziehen ist. In solchen Fällen das Ergebnis der Teilung entsprechend verringern (siehe nebenstehendes Beispiel).

$$\sqrt{25|40|16} = 504$$
$$a^2 = (5 \times 5) = \underline{25}$$
$$2a = (2 \times 5)\ 10 : \quad 4 = 0$$
$$2a = (2 \times 50)\ 100 : \quad 401 = 4$$
$$-2ab\ (4 \times 100) = \underline{400}$$
$$16$$
$$-b^2\ (4 \times 4) = \underline{16}$$

Ergibt die Teilung von 2a eine Null, dann gleich die beiden nächsten Ziffern (01) anhängen.

$\sqrt{71|57|16} = 846$

$a^2 = (8 \times 8) = 64$

$2a\ (2 \times 8)\ 16 : 75 = 4$

$-\ 2ab (16 \times 4) = 64$

117

$-\ b^2 (4 \times 4) = 16$

$2a\ (2 \times 84)\ 168 : 1011 = 6$

$-\ 2ab (168 \times 6) = 1008$

36

$-\ b^2 (6 \times 6) = 36$

$\sqrt{2|90|70|25} = 1705$

$a^2 = 1$

$2a = 2 : 19 = 7$ (nicht 9, da vom Rest noch 2ab und b^2 abzuziehen sind)

$-2ab = 14$

50

$-\ b^2 = 49$

$2a = 34\,0 : 17\,02 = 05$ (wegen 0 siehe Beispiel 504 auf seite 21)

$-\ 2ab = 1700$

25

$-\ b^2 = 25$

Kürzeres Verfahren

An den Rest von a^2 und an die Division von 2a beide Ziffern der nächsten Gruppe anhängen. Das Ergebnis der Division von 2a nicht nur an das Teilergebnis der Wurzel, sondern auch an den Divisor 2a anhängen. Subtraktion von 2ab und b^2 zugleich ausführen.

Die obigen Beispiele nach dem kürzeren Verfahren:

$\sqrt{71|57|16} = 846$

$a^2 = 8 = 64$

$16\,4 : 757 = 4$

656

$168\,6 : 10116 = 6$

10116

$\sqrt{2|90|70|25} = 1705$

$a^2 = 1$

$2\,7 : 190 = 7$

189

$34\,05 : 17025 = \overset{*}{0}5$

17025

Oder noch kürzer mit Ablesen von a^2 (zweistellig) aus der Tabelle auf Seite 26:

$\sqrt{7157|16} = 846$

$a^2 = 84 \times 84 = 7056$

$2a = 168\,6 : 10116 = 6$

10116

$\sqrt{290|70|25} = 1705$

$a^2 = 17 \times 17 = 289$

$34\,05 : 17025 = 05$

17025

Die Quadratwurzel ist eine Dezimalzahl

(Irrationale Wurzel)

Verbleibt bei der Quadratwurzel einer ganzen Zahl ein Rest ($\sqrt{89} = 9$, Rest 8), dann an den Rest Nullen anhängen; vor Anhängen der ersten Null erhält die Wurzel ein Komma.

$\sqrt{89} = 9{,}43$

$a^2\ (9 \times 9) = \underline{81}$

18¦4 : 80¦0 = 4

$\underline{73\ 6}$

188 3 : 640¦0 = 3

$\underline{564\ 9}$

751 usw.

Kürzer mit a^2 (zweistellig) aus der Tabelle auf Seite 26:

$\sqrt{89{,}00} = 9{,}43$

$a^2\ (94 \times 94) = \underline{8836}$

188¦3 : 640 0 = 3

$\underline{564\ 9}$

751 usw.

Rechenprobe: $9{,}43 \times 9{,}43 = 88{,}9249 + 751 = 89{,}0000$

Quadratwurzel von Dezimalzahlen

Nur die ganzen Zahlen von rechts nach links abteilen; vor Anhängen der ersten Dezimalziffer erhält die Wurzel ein Komma. Dezimalzahlen ohne Ganze (s. Beispiel 0,0289) vom Komma ab von links nach rechts abteilen.

$\sqrt{7{,}84} = 2{,}8$

$\underline{4}$

4¦8 : 38¦4 = 8

$\underline{384}$

$\sqrt{0{,}02|89} = 0{,}17$

$\underline{1}$

2¦7 : 18¦9 = 7

$\underline{18\ 9}$

Quadratwurzel von Brüchen

Kleinere Brüche, deren Zähler und Nenner Wurzeln ohne Rest haben, sind leicht zu errechnen; $\sqrt{1/4} = 1/2$, $\sqrt{9/16} = 3/4$. Sonst sind die Brüche erst in Dezimalzahlen zu verwandeln (Verwandlung s. Seite 9, III).

$\sqrt{5/8}$ verwandelt 0,625

$\sqrt{0{,}625} = 0{,}79$

$\underline{49}$

14¦9 : 135¦0 = 9

$\underline{1341}$

9 usw.

$\sqrt{6\,^{19}/_{25}}$ verwandelt = 6,76

$\sqrt{6{,}76} = 2{,}6$

$\underline{4}$

4¦6 : 27¦6 = 6

$\underline{27\ 6}$

Kubikwurzel

Wird eine Zahl dreimal mit sich selbst multipliziert, dann bezeichnet man das Ergebnis mit Kubus ($3 \times 3 \times 3 = 27$). Die Zahl, mit der diese Multiplikation ausgeführt worden ist, heißt Kubikwurzel. Um anzugeben, daß eine Zahl in den dritten Grad erhoben werden soll, setzt man rechts daneben eine kleine 3 ($2^3 = 8$).

Als Zeichen für die Ermittlung der Kubikwurzel setzt man vor die Zahl $\sqrt[3]{}$.

Die Errechnung erfolgt nach der Formel: $a^3 + 3a^2b + 3ab^2 + b^3$.

Beispiele:

$\sqrt[3]{12|977|875} = 235$

$a^3 = 2 \times 2 \times 2 = 8$

$3a^2\ (3 \times 2 \times 2) = 12 : 49 = 3$, nicht 4, da noch vom Rest $3ab^2$ und b^3 abzuziehen sind.

$-3a^2b\ (3 \times 12) = 36$

137

$-3ab^2\ (3 \times 2 \times 3 \times 3) = 54$

837

$-b^3\ (3 \times 3 \times 3) = 27$

$3a^2\ (3 \times 23 \times 23) = 1587 : 8108 = 5$

$-3a^2b\ (5 \times 1587) = 7935$

1737

$-3ab^2\ (3 \times 23 \times 5 \times 5) = 1725$

125

$-b^3\ (5 \times 5 \times 5) = 125$

Zahlen von rechts nach links in Gruppen zu 3 Zahlen teilen. Die Kubikwurzel der ersten Gruppe ist das erste Teilergebnis (a^3 der Formel). An den Rest die nächste Ziffer (der zweiten Gruppe) anhängen und diesen teilen mit $3a^2$. Nach der Multiplikation ($3a^2b$) an den Rest die nächste Ziffer (der zweiten Gruppe) anhängen und von dieser Zahl $3ab^2$ abziehen. Nach Anhängen der dritten Ziffer (der zweiten Gruppe) von dem Rest b^3 abziehen. Hat die Wurzel mehr als drei Ziffern, dann die nächsten Divisoren ($3a^2$) aus den bereits ermittelten Zahlen der Wurzel bilden. Bei der Division durch $3a^2$ darauf achten, daß von dem Rest noch $3ab^2$ und b^3 abzuziehen sind. In solchen Fällen das Teilungsergebnis deshalb entsprechend verringern. Ergibt die Teilung durch $3a^2$ eine Null, dann gleich die nächsten dre Ziffern anhängen.

Beispiele:

$\sqrt[3]{1|12|48|64} = 104$

$a^3 = 1\ (1 \times 1 \times 1)\ 1$

$(3 \times 1 \times 1)\ 3 : 1 = 0$

$(3 \times 10 \times 10)\ 300 : 1248 = 4$

$(4 \times 300)\ 1200$

486

$(3 \times 10 \times 4 \times 4)\ 480$

64

$(4 \times 4 \times 4)\ 64$

$\sqrt[3]{221|44|51|25} = 605$

$a^3 = 6\ (6 \times 6 \times 6)\ 216$

$(3 \times 6 \times 6)\ 108 : 54 = 0$

$(3 \times 60 \times 60)\ 10800 : 54451 = 5$

$(5 \times 10800)\ 54000$

4512

$(3 \times 60 \times 5 \times 5)\ 4500$

125

$(5 \times 5 \times 5)\ 125$

Kürzeres Verfahren siehe Seite 25.

Die Kubikwurzel ist eine Dezimalzahl

Bleibt bei Errechnung der Kubikwurzel ein Rest, dann Nullen anhängen; vor Anhängen der ersten Null erhält die Wurzel ein Komma.

$$\sqrt[3]{70|475} = 41,3$$

$$\begin{aligned}
a^3\,(4^3) &= \underline{64} \\
3a^2 = 48 &: 64 = 1 \\
-3a^2 b &= \underline{48} \\
& \quad 167 \\
-3ab^2 &= \underline{12} \\
& \quad 1555 \\
-b^3 &= \underline{\quad 1} \\
3a^2 = 5043 &: 15540 = 3 \\
-3a^2 b &= \underline{15129} \\
& \quad 4110 \\
-3ab^2 &= \underline{1107} \\
& \quad 30030 \\
-b^3 &= \underline{\quad 27} \\
& \quad 30003 \text{ usw.}
\end{aligned}$$

Kürzeres Verfahren mit Tabelle auf Seite 26:

$$\sqrt[3]{70475} = 41,3$$

$$\begin{aligned}
a^3\,(41^3) &= \underline{68921} \text{ (ablesen)} \\
3a^2 = 5043 &: 15540 = 3 \\
-3a^2 b &= \underline{15129} \\
& \quad 4110 \\
-3ab^2 &= \underline{1107} \\
& \quad 30030 \\
-b^3 &= \underline{\quad 27} \\
& \quad 30003 \text{ usw.}
\end{aligned}$$

Rechenprobe:

$$\begin{aligned}
41,3^3 &= 70444,997 \\
\text{dazu Rest} &\quad \underline{30,003} \\
&= 70475
\end{aligned}$$

Kubikwurzel von Dezimalzahlen

Nur die ganzen Zahlen von rechts nach links abteilen. Vor Anhängen der ersten Dezimalziffer erhält die Wurzel ein Komma. Dezimalzahlen ohne Ganze vom Komma ab nach rechts in Gruppen zu 3 Ziffern abteilen; wenn nicht 3 Ziffern vorhanden sind, dann Nullen anhängen.

$$\sqrt[3]{42,875} = 3,5 \qquad\qquad \sqrt[3]{0,019|683} = 0,27$$

Beide Resultate lassen sich unter Berücksichtigung des zu setzenden Kommas aus der Tabelle (Seite 26) ablesen.

Kubikwurzel von Brüchen

Kleinere Brüche, deren Zähler und Nenner Kubikwurzeln ohne Rest haben, sind leicht zu errechnen;

z. B. $\sqrt[3]{{}^{27}/_{125}} = {}^{3}/_{5}$

Sonst die Brüche erst in Dezimalzahlen verwandeln. (Verwandlung s. S. 9, III).

Quadrat und Kubus der Zahlen 1 bis 99

n ist die Grundzahl; n^2 ist Quadrat, n^3 Kubus der Grundzahl								
n	n^2	n^3	n	n^2	n^3	n	n^2	n^3
1	1	1	**34**	1156	39304	**67**	4489	300763
2	4	8	**35**	1225	42875	**68**	4624	314432
3	9	27	**36**	1296	46656	**69**	4761	328509
4	16	64	**37**	1369	50653	**70**	4900	343000
5	25	125	**38**	1444	54872	**71**	5041	357911
6	36	216	**39**	1521	59319	**72**	5184	373248
7	49	343	**40**	1600	64000	**73**	5329	389017
8	64	512	**41**	1681	68921	**74**	5476	405224
9	81	729	**42**	1764	74088	**75**	5625	421875
10	100	1000	**43**	1849	79507	**76**	5776	438976
11	121	1331	**44**	1936	85184	**77**	5929	456533
12	144	1728	**45**	2025	91125	**78**	6084	474552
13	169	2197	**46**	2116	97336	**79**	6241	493039
14	196	2744	**47**	2209	103823	**80**	6400	512000
15	225	3375	**48**	2304	110592	**81**	6561	531441
16	256	4096	**49**	2401	117649	**82**	6724	551368
17	289	4913	**50**	2500	125000	**83**	6889	571787
18	324	5832	**51**	2601	132651	**84**	7056	592704
19	361	6859	**52**	2704	140608	**85**	7225	614125
20	400	8000	**53**	2809	148877	**86**	7396	636056
21	441	9261	**54**	2916	157464	**87**	7569	658503
22	484	10648	**55**	3025	166375	**88**	7744	681472
23	529	12167	**56**	3136	175616	**89**	7921	704969
24	576	13824	**57**	3249	185193	**90**	8100	729000
25	625	15625	**58**	3364	195112	**91**	8281	753571
26	676	17576	**59**	3481	205379	**92**	8464	778688
27	729	19683	**60**	3600	216000	**93**	8649	804357
28	784	21952	**61**	3721	226981	**94**	8836	830584
29	841	24389	**62**	3844	238328	**95**	9025	857375
30	900	27000	**63**	3969	250047	**96**	9216	884736
31	961	29791	**64**	4096	262144	**97**	9409	912673
32	1024	32768	**65**	4225	274625	**98**	9604	941192
33	1089	35937	**66**	4356	287496	**99**	9801	970299

Quadrieren mit Tabelle auf Seite 26

Die zu multiplizierende Zahl von r e c h t s n a c h l i n k s zweistellig abteilen. Die Multiplikationen der einzelnen Gruppen der ersten Reihe aus der Tabelle (S. 26) ablesen. Die zweite Reihe um 2 Ziffern, bei fünf- und sechsstelligen Zahlen die dritte Reihe um weitere 4 Ziffern nach links einrücken; dann addieren.

B e i s p i e l e :

3|48²	= 9|2304	**4|16²**	= 16|0256*	**35|03²**	= 1225|0009*
2×3×48	= 288	2×4×16	= 128	2×35×3	= 210
	= 121104		= 173056		= 12271009

1|15|24²	= 1|0225|0576*	**36|17²|25²**	= 1296|0289|0625*
2×115×24	= 5520	2×3617×25	= 180850
2×1×15	= 30	2×36×17	= 1224
	= 132802576		= 130844975625

* Ergebnisse der ersten Reihe durch Nullen auf 4 Z i f f e r n ergänzen.

Kubieren mit Tabelle auf Seite 26

Die zu multiplizierende Zahl von r e c h t s n a c h l i n k s zweistellig abteilen. Die Multiplikationen (3. Potenz) der einzelnen Gruppen der ersten Reihe aus der Tabelle (S. 26) ablesen. Die zweite Reihe um 2 Ziffern nach links einrücken; dann addieren.

B e i s p i e l e :

1|24³	= 1|013824*	**24|08³**	= 13824|000512*
3×124×1×24	= 8928	3×2408×24×8	= 1387008
	= 1906624		= 13962701312
6|13³	= 216|002197*	**45|72³**	= 91125|373248
3×613×6×13	= 143442	3×4572×45×72	= 44439840
	= 230346397		= 95569357248

* Ergebnisse der ersten Reihe durch Nullen auf 6 Z i f f e r n ergänzen.

Flächenberechnung

Das Quadrat

Rechtwinkliges Viereck mit gleicher Seitenlänge

Flächeninhalt = Seitenlänge × Seitenlänge
Seitenlänge = Quadratwurzel aus dem Flächeninhalt

Beispiele:

Wie groß ist der Flächeninhalt eines Quadrats mit einer Seitenlänge von 2,75 m?

$$2{,}75 \times 2{,}75 = 7{,}5625 \text{ qm}$$

Wie groß ist die Seitenlänge eines Quadrats, das einen Flächeninhalt von 7,5625 qm hat?

$$\sqrt{7{,}5625} = 2{,}75 \text{ m}$$

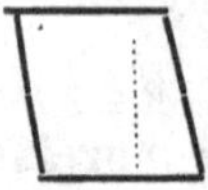

Der Rhombus (Raute)

Schiefwinkliges verschobenes Quadrat

Die Höhe ist die Senkrechte zwischen der Grundlinie und der gegenüberliegenden Seite oder deren Verlängerung

Flächeninhalt = Grundlinie × Höhe

$$\text{Grundlinie} = \frac{\text{Flächeninhalt}}{\text{Höhe}} \qquad \text{Höhe} = \frac{\text{Flächeninhalt}}{\text{Grundlinie}}$$

Beispiel:

Wie groß ist der Flächeninhalt eines Rhombus, dessen Grundlinie 3,5 m, Höhe 2 m beträgt?

$$3{,}5 \times 2 = 7 \text{ qm}$$

Das Rechteck

Rechtwinkliges Viereck mit
2 langen und 2 kurzen Seiten

Flächeninhalt = Länge × Höhe

$$\text{Länge} = \frac{\text{Flächeninhalt}}{\text{Höhe}} \qquad \text{Höhe} = \frac{\text{Flächeninhalt}}{\text{Länge}}$$

Beispiele:

Wie groß ist der Flächeninhalt eines Rechtecks, das eine Länge von 8,5 m und eine Höhe von 4 m hat?

Flächeninhalt = 8,5 × 4 = 34 qm

Welche Länge hat ein Rechteck, das einen Flächeninhalt von 16 qm und eine Höhe von 6,4 m hat?

Länge = 16 : 6,4 = 2,5 m

Welche Höhe hat ein Rechteck, das einen Flächeninhalt von 84 qm und eine Länge von 10,5 m hat?

Höhe = 84 : 10,5 = 8 m

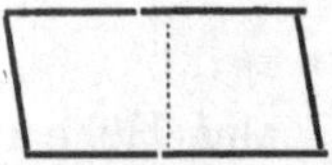

Das Rhomboid

Schiefwinkliges, verschobenes Rechteck

Die Höhe ist die Senkrechte zwischen der Grundlinie und der gegenüberliegenden Seite oder deren Verlängerung

Flächeninhalt = Grundlinie × Höhe

$$\text{Grundlinie} = \frac{\text{Flächeninhalt}}{\text{geteilt durch Höhe}}$$

$$\text{Höhe} = \frac{\text{Flächeninhalt}}{\text{geteilt durch Grundlinie}}$$

Das Dreieck

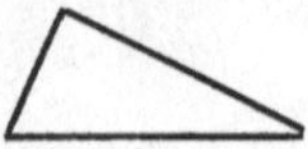

Jedes Dreieck ist gleich der Hälfte des Parallelogramms, das mit ihm gleiche Grundlinie und gleiche Höhe hat.

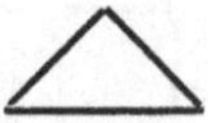

Nach den Seiten gibt es gleichseitige, gleichschenklige und ungleichseitige, nach ihren Winkeln rechtwinklige, stumpfwinklige und spitzwinklige Dreiecke. Bei dem gleichseitigen Dreieck sind alle 3 Seiten, beim gleichschenkligen nur 2 Seiten gleich lang; beim ungleichseitigen ist keine Seite der anderen gleich. Als Grundlinie kann bei jedem Dreieck eine beliebige Seite angenommen werden. Die Höhe ist die Senkrechte, welche von der Spitze auf die gegenüberliegende Grundlinie oder deren Verlängerung fällt. Beim rechtwinkligen Dreieck nennt man die dem rechten Winkel gegenüberliegende Seite die Hypotenuse, die beiden anderen Seiten Katheten. Werden auf diesen drei Seiten Quadrate errichtet, dann entspricht der Flächeninhalt des Hypotenusenquadrats der Summe der beiden Kathetenquadrate.

$$\text{Flächeninhalt} = \frac{\text{Grundlinie} \times \text{Höhe}}{\text{geteilt durch } 2}$$

$$\text{Grundlinie} = \frac{\text{Flächeninhalt} \times 2}{\text{geteilt durch Höhe}}$$

$$\text{Höhe} = \frac{\text{Flächeninhalt} \times 2}{\text{geteilt durch Grundlinie}}$$

Beim rechtwinkligen Dreieck nimmt man als Höhe und Grundlinie die rechtwinkligen Seiten (Katheten).

Beispiele:

Ein Dreieck hat eine Grundlinie von 16 m und eine Höhe von 12 m; wie groß ist der Flächeninhalt?

$$\frac{16 \times 12}{2} = 96 \text{ qm}$$

Der Flächeninhalt eines Dreiecks beträgt 96 qm, die Höhe 12 m; wie lang ist die Grundlinie?

$$96 \times 2 = 192 : 12 = 16 \text{ m}$$

Der Flächeninhalt eines Dreiecks beträgt 96 qm, die Grundlinie 16 m; welche Höhe hat es?

$$96 \times 2 = 192 : 16 = 12 \text{ m}$$

Das Trapez

(Paralleltrapez)

Viereck, in dem nur zwei gegenüberliegende Seiten prarallel sind. Die Höhe ist die Senkrechte zwischen den beiden parallelen Seiten.

Flächeninhalt = Die Summe der beiden parallelen Seiten multiplizieren mit der halben Höhe, oder umgekehrt die Hälfte der Summe der beiden parallelen Seiten multiplizieren mit der ganzen Höhe.

Beispiele:

Welchen Flächeninhalt hat ein Trapez, dessen lange Seite 48 m, kurze Seite 36 m und Höhe 6 m hat?

Erstes Verfahren $= 48 + 36 = 84 \times {}^{6}/_{2} = 252$ qm

Zweites Verfahren $= \frac{48 + 36}{2} = 42 \times 6 = 252$ qm

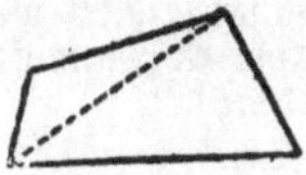

Das Trapezoid

(Unregelmäßiges Viereck)

Flächeninhalt = Zwei gegenüberliegende Ecken durch eine gerade Linie (Diagonale) verbinden. Hierdurch entstehen 2 Dreiecke, welche diese Diagonale als gemeinsame Grundlinie haben. Die Hälfte dieser Grundlinie multipliziert mit der Summe der beiden Höhen, oder umgekehrt die ganze Grundlinie multipliziert mit der Hälfte der Summe der beiden Höhen ergibt den Flächeninhalt des ganzen Vierecks.

Beispiele:

Wie groß ist der Flächeninhalt eines Trapezoids, dessen Diagonale 24 m und die Höhe des einen Dreiecks 10 m, die des anderen 6 m hat?

Erstes Verfahren ${}^{24}/_{2} = 12 \times (10 + 6)\ 16 = 192$ qm

Zweites Verfahren $24 \times \left(\frac{10 + 6}{2}\right) \frac{16}{2} = 192$ qm

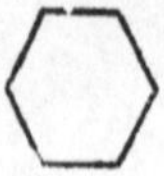

Das Vieleck

(Polygon)

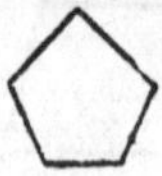

Ein Vieleck oder Polygon ist eine ebene Figur, die mehr als vier Ecken hat und von ebensoviel Seiten begrenzt wird, als Ecken vorhanden sind. Fünfeck hat also 5 Ecken und 5 Seiten, Sechseck 6 Ecken und 6 Seiten usw. Es gibt regelmäßige und unregelmäßige Vielecke.

I. Das regelmäßige Vieleck

Alle Seiten darin sind gleich lang. So viele Seiten es hat, in so viele gleichschenklige Dreiecke läßt es sich teilen, deren Spitze im Mittelpunkt des Vielecks liegt, und bei denen die Seite des Vielecks die Grundlinie (Polygonseite) ist. Die Höhe der Dreiecke (hier Apothem genannt) ist die Senkrechte, die von einer dieser Seiten nach dem Mittelpunkt des Vielecks gezogen wird. Diesen findet man, wenn zwei Seiten halbiert und in den Halbierungspunkten Senkrechte errichtet werden; wo diese sich schneiden, ist der Mittelpunkt des Vielecks. Alle Seiten und Ecken sind von diesem Mittelpunkt gleich weit entfernt, so daß die Peripherie (Umfang) eines Kreises, der um das Vieleck gezogen wird, alle Ecken desselben berührt.

Berechnung des Flächeninhalts:

Flächeninhalt eines Dreiecks × Anzahl der Dreiecke;

$$\text{Inhalt eines Dreiecks:} = \frac{\text{Seite (Grundlinie)} \times \text{Höhe (Apothem)}}{\text{geteilt durch 2}}$$

Beispiel:

Wie groß ist der Flächeninhalt eines regelmäßigen Zehnecks, dessen Seitenlänge (Grundlinie) 3,10 m und dessen Höhe (Apothem) 4,77 m beträgt?

$$\text{Flächeninhalt} = \frac{3{,}10 \times 4{,}77}{2} = 7{,}3935 \times 10 = 73{,}935 \text{ qm}$$

Fehlt bei Errechnung des Flächeninhalts eines regelmäßigen Vielecks Angabe der Höhe, und es ist nur die Länge der Seite oder der Radius (Halbmesser) des Kreises bekannt — Radius ist die Linie vom Mittelpunkt nach einer Ecke —, dann läßt sich der Flächeninhalt auf folgende Weise errechnen:

A. Mit Seitenlänge

Seite ins Quadrat erheben und Ergebnis multiplizieren

beim	3-Eck	mit	0,43	beim	8-Eck	mit	4,83
„	4-Eck	„	1	„	9-Eck	„	6,18
„	5-Eck	„	1,72	„	10-Eck	„	7,69
„	6-Eck	„	2,60	„	12-Eck	„	11,19
„	7-Eck	„	3,63				

B. Mit Radius (Halbmesser)

beim	3-Eck	mit	1,73	beim	8-Eck	mit	0,76
„	4-Eck	„	1,41	„	9-Eck	„	0,68
„	5-Eck	„	1,17	„	10-Eck	„	0,62
„	7-Eck	„	0,87	„	12-Eck	„	0,52

(Beim 6-Eck sind Radius und Seite gleich)

Damit erhält man die Seitenlänge des Vielecks, die nun ins Quadrat erhoben und mit den vorstehend unter A angegebenen Zahlen multipliziert den Inhalt ergibt.

Beispiele:

Wie groß ist der Flächeninhalt eines regelmäßigen Sechsecks, dessen Seite (also auch Radius) 8 m lang ist?
Flächeninhalt = 8 × 8 × 2,60 = 166,40 qm

Wie groß ist der Flächeninhalt eines regelmäßigen Achtecks, dessen Radius (Halbmesser) 2,5 m lang ist?
Seitenlänge = 2,5 × 0,76 = 1,90 m; mithin
Flächeninhalt = 1,90 × 1,90 × 4,83 = 17,4363 qm

II. Das unregelmäßige Vieleck

Die Seiten darin sind ungleich lang. Zur Berechnung des Flächeninhalts werden die gegenüberliegenden Ecken wie beim unregelmäßigen Viereck (Trapezoid) durch gerade Linien (Diagonalen) verbunden. Dabei entstehen meistens unregelmäßige Dreiecke; es kommen jedoch auch andere Figuren vor; z. B. kann ein Hausgiebel mit 5 Ecken in ein Rechteck und ein gleichschenkliges Dreieck, mit 6 Ecken in ein Rechteck und ein Trapez (Viereck mit 2 parrallelen Seiten) zerlegt werden. Der Flächeninhalt der einzelnen Figuren wird dann berechnet; die Summe der Einzelergebnisse ist der Flächeninhalt des unregelmäßigen Vielecks.

Der Kreis

Umfang (Peripherie) = Durchmesser $\times\ 3\frac{1}{7}$ (3,14)
oder Halbmesser (Radius) $\times\ 2 \times 3\frac{1}{7}$ (3,14)

$$\text{Durchmesser} = \frac{\text{Umfang}}{3\frac{1}{7}\ (3{,}14)} \qquad \text{Halbmesser} = \frac{\text{Umfang}}{3\frac{1}{7}\ (3{,}14) \times 2}$$

$$\text{Flächeninhalt} = \frac{\text{Durchmesser} \times \text{Durchmesser} \times 3\frac{1}{7}\ (3{,}14)}{\text{geteilt durch } 4}$$

oder Halbmesser $\times$ Halbmesser $\times\ 3\frac{1}{7}$ (3,14)

Ist der Flächeninhalt des Kreises angegeben, dann ist der

$$\text{Durchmesser} = \text{Quadratwurzel aus } \frac{\text{Flächeninhalt} \times 4}{3\frac{1}{7}\ (3{,}14)}$$

$$\text{Halbmesser} = \text{Quadratwurzel aus } \frac{\text{Flächeninhalt}}{3\frac{1}{7}\ (3{,}14)}$$

Die Zahl, mit der man den Durchmesser oder den doppelten Halbmesser multipliziert, wird mit dem griechischen Buchstaben π (Pi) bezeichnet. Für gewöhnliches Rechnen nimmt man $3\frac{1}{7}$ oder 3,14 oder 3,142 oder 3,1416, je nach dem Genauigkeitsgrade, der erstrebt wird.

Für Rechnen mit 3,14 siehe Tabelle auf Seite 43

Beispiele:

Wie groß ist der Umfang eines Kreises mit einem

Durchmesser von 2,5 m?

$2{,}5 \times 3{,}14 = 7{,}85$ m

Halbmesser von 1,25 m?

$1{,}25 \times 2 \times 3{,}14 = 7{,}85$ m

Welche Länge hat in einem Kreise mit 7,85 m Umfaug

der Durchmesser?

$7{,}85 : 3{,}14 \times 2{,}5$ m

der Halbmesser

$7{,}85 : (2 \times 3{,}14)\ 6{,}28 = 1{,}25$ m

Wie groß ist der Flächeninhalt eines Kreises mit einem

Durchmesser von 2,5 m?

$\frac{2{,}5 \times 2{,}5 \times 3{,}14}{4} = 4{,}9063$ qm

Halbmesser von 1,25 m?

$1{,}25 \times 1{,}25 \times 3{,}14 = 4{,}9063$ qm

Der Flächeninhalt eines Kreises ist 4,9063 qm; welche Länge hat

der Durchmesser?

$4{,}9063 \times 4 = 19{,}6252 : 3{,}14 = 6{,}25$

$\sqrt{6{,}25} = 2{,}5$ m

der Halbmesser?

$4{,}9063 : 3{,}14 = 1{,}5625$

$\sqrt{1{,}5625} = 1{,}25$ m

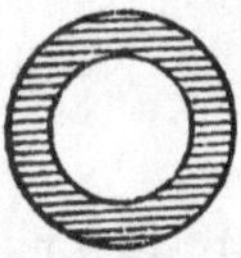

Der Kreisring

Von zwei Ringkreisen (konzentrischen Kreisen) eingeschlossene Fläche

Flächeninhalt = Den Inhalt der inneren, von dem kleinen Kreisring begrenzten Kreisfläche von der ganzen, dem äußeren Kreisring begenzten Gesamtfläche abziehen.

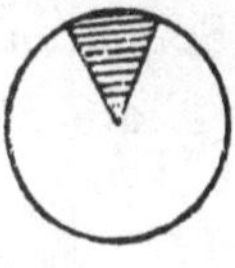

Der Kreisausschnitt oder Sektor

ist eine Fläche, die begrenzt wird von zwei geraden, zum Mittelpunkt des Kreises gehenden Linien (Halbmessern) und dem Kreisbogen.

Flächeninhalt: $= \frac{\text{Länge des Kreisbogens} \times \text{Halbmesser}}{\text{geteilt durch } 2}$

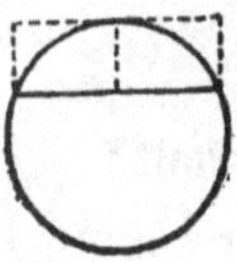

Der Kreisabschnitt (Segment)

Der ungefähre Inhalt eines Kreisabschnitts ist gleich dem Inhalt eines Rechtecks aus der Sehne und der Höhe des Kreisabschnitts × $^2/_3$

Die Ellipse

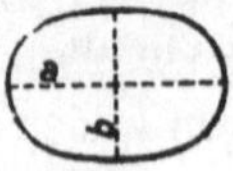

In den nachstehenden Berechnungsformeln bezeichnet a die halbe Längsachse
b die halbe Breitenachse

Umfang = $\sqrt{2 \times (a \times a + b \times b)} \times 3{,}14$

Flächeninhalt = $a \times b \times 3{,}14$

Beispiele:

Eine elliptische Rasenfläche hat eine Länge (Längsachse) von 5 m und eine Breite (Breitenachse) von 3 m; wie groß ist A der Umfang? B der Flächeninhalt?

A Umfang = (2,5 × 2,5) 6,25 + (1,5 × 1,5) 2,25 = 8,50 × 2 = 17
$\sqrt{17}$ = 4,12 × 3,14 = 12,9368 abgerundet 12,94 m

B Flächeninhalt = 2,5 × 1,5 = 3,75 × 3,14 = 11,775 qm

Körperberechnung

Der Würfel

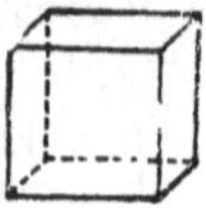

Körper, der begrenzt wird von sechs rechtwinkligen Vierecken gleicher Größe (Quadraten); er hat also sechs Seiten mit gleich langen Kanten.

Oberfläche = Kantenlänge × Kantenlänge × 6 (Seitenzahl)

Rauminhalt (Kubikinhalt) = Kantenlänge dreimal mit sich selbst multiplizieren (kubieren).

Beispiele:

Ein Würfel hat eine Kantenlänge von 4 m;
wie groß ist

die Oberfläche?	der Rauminhalt?
4 × 4 × 6 = 96 qm	4 × 4 = 4 = 64 cbm

Der Quader

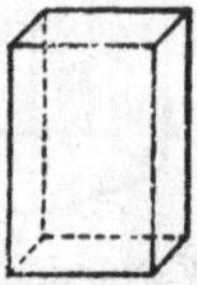

Körper, der begrenzt wird von drei Paar parallelen Flächen, deren Seiten rechtwinklig sind. Die Grundflächen (untere und obere) können Rechtecke oder Quadrate sein.

Oberfläche = Flächeninhalt der unteren und oberen Grundfläche und der vier Seitenflächen zusammenzählen.

Rauminhalt = Grundfläche × Höhe.

Beispiele:

Die drei Ausdehnungen eines Balkens betragen 20 cm, 30 cm und 4 m; wie groß ist

die Oberfläche?	der Rauminhalt?
2 × 0,20 × 0,30 = 0,12 qm	Grundfläche = 0,20×0,30 = 0,06
2 × 0,20 × 4 = 1,60 qm	0,06 × 4 (Höhe)
2 × 0,30 × 4 = 2,40 qm	ergibt 0,24 cbm
Oberfläche = 4,12 qm	Rauminhalt.

Der Parallelflächner

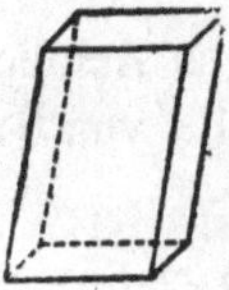

Körper, der begrenzt wird von drei Paar parallelen Flächen, deren Seiten schiefwinklig sind. Die Grundflächen (untere und obere) können wie beim Quader Rechtecke oder Quadrate sein. Beim Parallelflächner ist die Höhe die Senkrechte zwischen der unteren und oberen Grundfläche oder deren Verlängerung.

Oberfläche = Flächeninhalt der unteren und oberen Grundfläche und der vier Seitenflächen zusammenzählen.

Rauminhalt = Grundfläche × Höhe.

Das Prisma (Kantensäule)

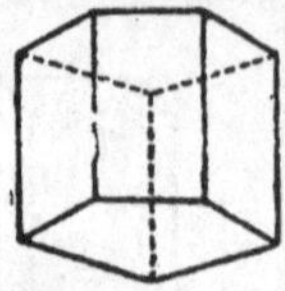

Körper, dessen Grundflächen (untere und obere) aus einem Dreieck, Trapez, Trapezoid oder Vieleck bestehen. Die Grundflächen sind gleichmäßige Figuren, die parallel sind. Die Kanten der Grundflächen heißen Grundkanten, die Verbindungslinien zwischen beiden heißen Seitenkanten. Beim geraden Prisma bilden die Seitenkanten mit den Grundkanten rechte Winkel, beim schiefen Prisma schiefe Winkel. Die Summe aller Seitenflächen heißt Mantel, die Summe der Grund- und Seitenflächen ist die Oberfläche. Beim schiefen Prisma ist die Höhe die Senkrechte zwischen der unteren und oberen Grundfläche oder deren Velängerung. Ein Prisma mit vier rechtwinkligen, parallelen Seitenflächen und quadratischen Grundflächen bezeichnet man mit Quader; stehen die parallelen Seitenflächen schiefwinklig zu den quadratischen Grundflächen, dann heißt es Parallelflächner (s. Seite 37).

Mantel = Umfang (Summe der Grundkanten) × Höhe

Oberfläche = Mantel + 2 × Grundfläche

Rauminhalt = Grundfläche × Höhe

$$\text{Grundfläche} = \frac{\text{Rauminhalt}}{\text{Höhe}} \qquad \text{Höhe} = \frac{\text{Rauminhalt}}{\text{Grundfläche}}$$

Beispiele:

Die Grundfläche eines Prismas ist ein regelmäßiges Achteck, dessen Seite 2 m lang ist; das Prisma hat eine Höhe von 6 m. Wie groß ist sein Rauminhalt?

Grundfläche = 2 × 2 × 4,83 (s. Seite 33) = 19,32 qm

mithin Rauminhalt = 19,32 × 6 = 115,92 cbm

Abgeschrägtes Prisma

Flächeninhalt = Grundfläche × Höhe

Als Höhe gilt hier der Durchschnittswert der Seitenkanten.

Der Zylinder (Walze)

Körper, der begrenzt wird von den beiden ebenen Grundkreisen, (untere und obere Grundfläche) und der gekrümmten Mantelfläche (Mantel). Die Strecke, welche die beiden Kreismittelpunkte verbindet, heißt die Achse des Zylinders; sie ist beim *geraden* Zylinder zugleich die Höhe. Beim *schiefen* Zylinder ist die Höhe die Senkrechte zwischen der oberen und unteren Grundfläche oder deren Verlängerung. Die Oberfläche besteht aus dem Mantel und den beiden Grundkreisen.

Mantel = Umfang der Grundfläche × Höhe

Oberfläche = Grundfläche × 2 + Mantel

Rauminhalt = Flächeninhalt der Grundfl. × Höhe

(Berechnung des Umfangs u. Inhalts d. Grundfl. s. Kreis, Seite 34)

Beispiele:

Ein Zylinder hat einen Durchmesser von 0,80 m und eine Höhe von 2,5 m. Wie groß ist sein Mantel, seine Oberfläche und sein Rauminhalt?

Mantel = 0,80 × 3,14 (Umfang) × 2,5 = 6,28 qm

Oberfläche = 0,40 (Halbmesser) × 0,40 × 3,14 × 0,5024 qm Grundfl.

also beide Grundflächen 2 × 0,5024 = 1,0048 qm

dazu Mantelfläche = 6,28 „

mithin Oberfläche zusammen = 7,2848 qm

Rauminhalt = 0,40 × 0,40 × 3,14 = 0,5024 qm Grundfl.;
0,5024 qm Grundfl. × 2,5 (Höhe) ergibt 1,256 cbm

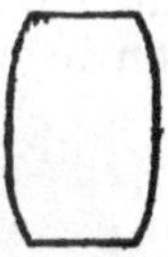

Das Faß

(Siehe Beispiel auf Seite 46)

In der nachstehenden Berechnungsformel ist R = Halbmesser der Spundweite, r = Halbmesser der Bodenfläche, h = Höhe

$$\text{Rauminhalt} = (2 \times R^2 + r^2) \times \frac{h \times 3{,}14}{3}$$

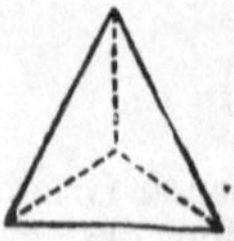

Die Pyramide

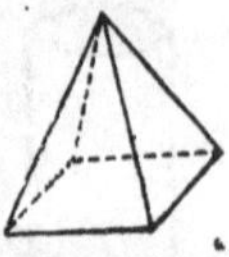

Körper, dessen Grundfläche ein Dreieck, Viereck oder Vieleck ist. Die Seitenflächen sind Dreiecke, deren Seitenkanten in einer Spitze zusammenlaufen. Die Seitenflächen bilden den Mantel der Pyramide. Die Höhe ist die von der Spitze zur Grundfläche gefällte Senkrechte. Bei der geraden Pyramide sind die Seitenflächen sämtlich gleichschenklige Dreiecke. Ist die Grundfläche ein regelmäßiges Vieleck, und liegt der Fußpunkt der Höhe im Mittelpunkt des Vielecks, dann heißt die Pyramide regelmäßig. Bei der schiefen Pyramide ist die Höhe die Senkrechte von der Spitze zur Grundfläche oder deren Verlängerung.

Mantel = Summe der Seitenflächen

Oberfläche = Mantel + Grundfläche

$$\text{Rauminhalt} = \frac{\text{Grundfläche} \times \text{Höhe}}{\text{geteilt durch } 3}$$

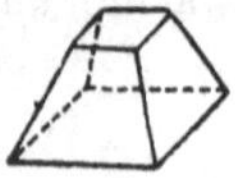

Der Pyramidenstumpf

(Abgekürzte Pyramide)

Mantel = Summe der Seitenflächen (Trapeze)

Oberfläche = Mantel + Grundflächen (untere u. obere)

$$\text{Rauminhalt} = \text{Unt.} + \text{ob. Grdfl.} + \sqrt{\text{unt.} \times \text{ob. Grdfl.}} \times {}^1\!/_3\,\text{Höhe}$$

Beispiele:

Ein Pyramidenstumpf hat eine Höhe von 9 m, eine untere Grundfläche von 25 qm und eine obere Grundfläche von 16 qm; wie groß ist sein Rauminhalt?

Ausrechnung:

Untere Grundfläche 25 + obere Grundfläche 16 = 41

$\sqrt{\text{untere} \times \text{obere Grundfläche } 25 \times 16 = 400} = 20$

also 41 + 20 = 61 × (1/3 Höhe) 3 = 183 cbm

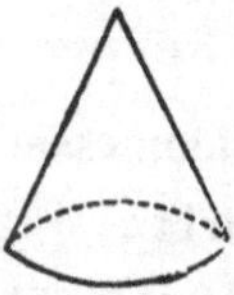

Der Kegel

(Zugespitzter Zylinder)

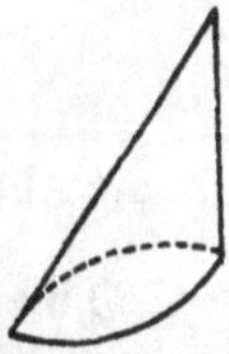

Körper, der von der ebenen Grundfläche (Kreis) und der gekrümmten Mantelfläche begrenzt wird; beide Flächen zusammen bilden die Oberfläche. Die Senkrechte von der Spitze zum Mittelpunkt des Grundkreises heißt die Kegelachse; sie ist beim geraden Kegel zugleich die Höhe. Beim schiefen Kegel ist die Höhe die Senkrechte von der Spitze zur Grundfläche oder deren Verlängerung. Die Linie von der Spitze bis zum Kreisumfang heißt Seitenlinie.

Mantel = Halbmesser × 3,14 × Seitenlinie

Oberfläche = Mantel + Grundfläche

$$\text{Rauminhalt} = \frac{\text{Halbmesser} \times \text{Halbmesser} \times 3{,}14 \times \text{Höhe}}{\text{geteilt durch 3}}$$

$$\text{also} \frac{\text{Grundfläche} \times \text{Höhe}}{\text{geteilt durch 3}}$$

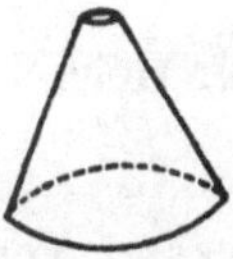

Der Kegelstumpf

(Abgekürzter Kegel)

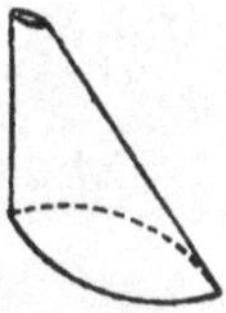

In der nachstehenden Berechnungsformel ist R = Halbmesser der unteren (großen) Grundfläche, r = Halbmesser der oberen (kleinen) Grundfläche.

Mantel = (R + r) × 3,14 × Seitenlinie

Oberfläche = Mantel + Grundflächen (untere und obere)

Rauminhalt = (R × R + r × r + R × r) × 3,14 × 1/3 Höhe

Beispiel:

Ein 9 m langer Baumstamm hat unten einen Durchmesser von 80 cm, oben von 60 cm. Wieviel Kubikmeter Holz enthält er?

Ausrechnung:

0,40 × 0,40 + 0,30 × 0,30 + 0,40 × 0,30 = 0,37 × 3,14 × 3 (1/3 Länge); das sind 3,4854 Kubikmeter Holz.

Die Kugel

d ist die Abkürzung für Durchmesser, r für Radius (Halbmesser)

Oberfläche:	Rauminhalt:
$d^2 \times 3{,}14$ oder $4 \times r^2 \times 3{,}14$	$\frac{d^3 \times 3{,}14}{6}$ oder $\frac{4 \times r^3 \times 3{,}14}{3}$

(Beispiel siehe Seite 45)

Die Halbkugel

r ist die Abkürzung für Radius (Halbmesser)

Oberfläche:	Rauminhalt:
$r \times r \times 2 \times 3{,}14$	$\frac{r \times r \times r \times 2}{\text{geteilt durch } 3} \times 3{,}14$

Der Kugelabschnitt

Oberfläche:	Rauminhalt:
$(r \times r + h \times h) \times 3{,}14$	$\frac{(r \times r \times 3 + h \times h)}{\text{geteilt durch } 6} \times (h \times 3{,}14)$

r ist die Abkürzung für Halbmesser (Radius), h für Höhe

Beispiele:

Ein Kugelabschnitt (Kugelkappe) hat einen Durchmesser von 1,40 m (also r = 0,70 m) und eine Höhe von 0,30 m; wie groß ist A die Oberfläche, B der Rauminhalt?

A. Oberfläche:

$(r \times r + h \times h) \times 3{,}14$ also

$0{,}70 \times 0{,}70 + 0{,}30 \times 0{,}30 = 0{,}58 \times 3{,}14 = 1{,}8212$ qm

B. Rauminhalt:

$\frac{(r \times r \times 3 + h \times h)}{\text{geteilt durch } 6} \times (h \times 3{,}14)$ also

$\frac{(0{,}70 \times 0{,}70 \times 3 + 0{,}30 \times 0{,}30)}{\text{geteilt durch } 6} = 0{,}26 \times (0{,}30 \times 3{,}14)\ 0{,}942 = 0{,}24492$ cbm

Tabelle für Multiplikation und Division mit 3,14

1	314	**21**	6594	**41**	12874	**61**	19154	**81**	25434
2	628	**22**	6908	**42**	13188	**62**	19468	**82**	25748
3	942	**23**	7222	**43**	13502	**63**	19782	**83**	26062
4	1256	**24**	7536	**44**	13816	**64**	20096	**84**	26376
5	1570	**25**	7850	**45**	14130	**65**	20410	**85**	26690
6	1884	**26**	8164	**46**	14444	**66**	20724	**86**	27004
7	2198	**27**	8478	**47**	14758	**67**	21038	**87**	27318
8	2512	**28**	8792	**48**	15072	**68**	21352	**88**	27632
9	2826	**29**	9106	**49**	15386	**69**	21666	**89**	27946
10	3140	**30**	9420	**50**	15700	**70**	21980	**90**	28260
11	3454	**31**	9734	**51**	16014	**71**	22294	**91**	28574
12	3768	**32**	10048	**52**	16328	**72**	22608	**92**	28888
13	4082	**33**	10362	**53**	16642	**73**	22922	**93**	29202
14	4396	**34**	10676	**54**	16956	**74**	23236	**94**	29516
15	4710	**35**	10990	**55**	17270	**75**	23550	**95**	29830
16	5024	**36**	11304	**56**	17584	**76**	23864	**96**	30144
17	5338	**37**	11618	**57**	17898	**77**	24178	**97**	30458
18	5652	**38**	11932	**58**	18212	**78**	24492	**98**	30772
19	5966	**39**	12246	**59**	18526	**79**	24806	**99**	31086
20	6280	**40**	12560	**60**	18840	**80**	25120	**100**	31400

Beispiele:

$93 \times 3{,}14 = 292{,}02$
$7{,}6 \times 3{,}14 = 23{,}864$
$0{,}48 \times 3{,}14 = 1{,}5072$

$169{,}56 : 3{,}14 = 54$
$1193{,}2 : 3{,}14 = 380$
$2{,}9516 : 3{,}14 = 0{,}94$

Ergebnisse unter Berücksichtigung des zu setzenden Kommas a. d. Tabelle ablesen.

Größere Zahlen:

374598 × 3,14

98	× 3,14 =	30772
45	× 3,14 =	14130
37	× 3,14 =	11618
		= 1176237,72

930962,90 : 3,14 = 2964,85
9106 (29 × 314)
20362
20096 (64 × 314)
26690
26690 (85 × 314)

Tabelle ist aus F. Triebels' „Rechen-Resultate"

Beispiele für Flächen- und Körperberechnung

Ein Saal, 12 m lang und 6 m breit, soll mit Brettern gedielt werden; wieviel Bretter sind dazu erforderlich, wenn jedes Brett 3 m lang und 40 cm breit ist?

Flächeninhalt des Saales $12 \times 6 = 72$ qm

Flächeninhalt eines Brettes $3 \times 0{,}40 = 1{,}20$ qm

$72 : 1{,}20 = 60$ Bretter.

Eine Stube ist 5 m lang, 4 m breit und 3 m hoch; in derselben sind 2 Fenster, jedes 2 m hoch und 1 m breit, 2 Türen, je 2½ m hoch und 1 m breit. Wieviel Meter Tapeten sind erforderlich, wenn die Rolle 50 cm breit ist?

2 Längswände, je 5 m lang, 3 m hoch = 30 qm
2 Seitenwände, je 4 m „ 3 m „ = 24 „

Wände zusammen = 54 qm

Davon ab 2 Fenster = 4 qm
2 Türen = 5 „ 9 „

bleiben zu tapezieren 45 qm

Die Tapeten sind ½ m breit, also sind erforderlich

$$45 \text{ qm} : \tfrac{1}{2} = \frac{45 \times 2}{1} = 90 \text{ m Tapeten}$$

Um einen kreisrunden Rasenplatz, der einen Durchmesser von 45 m hat, führt ein 1,5 m breiter Fußweg (Gesamtdurchmesser also $45 + 1\tfrac{1}{2} + 1\tfrac{1}{2}$ m = 48 m). Wie groß ist der Flächeninhalt des Fußweges?

Flächeninhalt des ganzen Platzes

$$\text{einschl. Fußweg } \frac{48 \times 48 \times 3{,}14}{4} = 1808{,}64 \text{ qm}$$

$$\text{ohne Fußweg } \frac{45 \times 45 \times 3{,}14}{4} = 1589{,}625 \text{ „}$$

Mithin Flächeninhalt d. Fußweges = 219,015 qm

Wie groß ist der Flächeninhalt eines elliptischen Spielplatzes, dessen Achsen 40 und 60 m messen?

Flächeninhalt: $20 \times 30 \times 3{,}14 = 1884$ qm.

Wieviel Steine sind zu einer Mauer erforderlich, die eine Länge von 40 m, eine Höhe von 2 m und eine Breite von 0,37 m hat, wenn jeder Stein nach Hinzurechnung des zugehörigen Verbindungsmittels 25 cm lang, 12 cm breit und 8 cm hoch ist?

Kubikinhalt der Mauer = 40 × 2 × 0,37 = 29,60 cbm,
eines Steines = 0,25 × 0,12 × 0,08 = 0,0024 cbm;
29,60 : 0,0024 ergibt 12 333 1/3 = 12 334 Steine.

Der Laderaum eines Wagens hat eine Länge von 4 m, eine untere Breite von 1,10 m, eine obere Breite von 1,50 m und eine Höhe von 0,80 m. (Die Höhe ist die Senkrechte zwischen der unteren und oberen Grundfläche.) Wieviel Kubikmeter Laderaum hat der Wagen?

Länge × mittlere Breite × Höhe, also
4 × 1,30 × 0,80 = 4,16 cbm

Die mittlere Breite wird festgestellt, indem die untere und obere Breite zusammengezählt und die erhaltene Summe halbiert wird (1,10 + 1,50 = 2,60 : 2 = 1,30 m).

Ein Kegel hat einen Halbmesser von 0,50 m und eine Höhe von 3 m. Wie groß ist sein Rauminhalt?

$$\frac{0{,}5 \times 0{,}5 \times 3{,}14 \times 3}{\text{geteilt durch } 3} = \frac{2{,}355}{3} = 0{,}785 \text{ cbm}$$

Der Durchmesser einer Kugel ist 0,80 m. Wie groß ist die Oberfläche und der Rauminhalt derselben?

Oberfläche = 0,80 × 0,80 × 3,14 = 2,0096 qm (2 qm 96 qcm)
oder 4 × 0,40 × 0,40 × 3,14 = 2,0096 qm.

$$\text{Rauminhalt} = \frac{0{,}80^3 \times 3{,}14}{6} = \frac{0{,}512 \times 3{,}14}{6} = 0{,}267946 \text{ cbm}$$

$$\text{oder } \frac{0{,}40^3 \times 4 \times 3{,}14}{3} = 0{,}267946 \text{ cbm}$$

Ein zylindrischer Behälter soll 5 Hektoliter Wasser fassen; er darf nur 1,50 m hoch sein. Wie groß muß dann der Durchmesser sein?

1 Liter = 1000 Kubikzentimeter

5 Hektoliter = 500 000 Kubikzentimeter

$$\text{Halbmesser} = \sqrt{\frac{\text{Kubikinhalt}}{3{,}14 \times \text{Höhe}}} \text{ also}$$

$$\sqrt{\frac{500\,000}{3{,}14 \times 150}} \times \sqrt{1061{,}5711} = 32{,}58 \text{ cm Halbmesser}$$

mithin Durchmesser 2 × 32,58 = 65,16 cm.

Ein zylindrisches Gefäß hat eine innere Höhe von 1,50 m und einen inneren Durchmesser von 80 cm; wieviel Liter Wasser faßt es?

(1 Liter = 1000 Kubikzentimeter)

Grundfläche (s. Kreis, Seite 34) × Höhe, also

40 × 40 × 3,14 = 5024 × 150 = 753 600 Kubikzentimeter

753 600 ccm : 1000 ergibt 753,6 Liter.

Ein Faß hat (innen gemessen) 1,05 m Höhe, 60 cm Weite (Durchmesser) und eine Bodenfläche von 42 cm (Durchmesser); wieviel Liter faßt es?

In der nachstehenden Berechnungsformel bezeichnet R Halbmesser der Spundweite, r Halbmesser der Bodenfläche, h die Höhe

$$(R \times R \times 2 + r \times r) \times \frac{(h \times 3{,}14)}{3}$$

also 30 × 30 × 2 + 21 × 21   105 × 3,14 : 3

= 2241   ×   109,9

ergibt 246 285,90 Kubikzentimeter,

geteilt durch 1000 = 246,2859 Liter, also

abgerundet 246¼ Liter.

(1 Liter = 1000 Kubikzentimeter)

Stückzahlberechnung mit Einheitspreis für 1 Stück

Menge multiplizieren mit Einheitspreis

Beispiele:

1 m kostet 0,65 *DM*; $12^1/_2$ m = 12,5 × 0,65 = 8,125 = 8,13 *DM**
1 kg „ 7,15 *DM*; $6^3/_4$ kg = 6,75 × 7,15 = 48,2625 = 48,26 *DM**
1 Dtz. „ 9,60 *DM*; $3^1/_4$ Dtz. = 3,25 × 9,60 = 31,2000 = 31,20 *DM*

12 Stück (1 Dutzend) kosten 10,20 *DM*

7 „ ($^7/_{12}$ „) „ $\frac{7 \times 10,20}{12}$ = 5,95 *DM*

oder

1 Stück kostet (10,20:12) 0,85 *DM*; 7 Stück (7 × 0,85) = 5,95 *DM*

Stückzahlberechnung mit Einheitspreis für 100 oder 1000 Stück

$$\frac{\text{Menge} \times \text{Einheitspreis}}{\text{geteilt durch 100 bzw. 1000}}$$

(Man teilt eine Zahl durch 100 oder 1000, indem man von rechts nach links 2 bzw. 3 Stellen abstreicht.)

Beispiele:

100 m kosten 167,50 *DM*; also kosten 15 m

$\frac{15 \times 167,50}{100}$ = 25,125 abgerundet 25,13 *DM**

1000 Stück kosten 246,75 *DM*; 3425 Stück kosten

$\frac{3425 \times 246,75}{1000}$ = 845,11875 abgerundet 845,12 *DM**

* Ergebnisse mit mehr als 2 Dezimalstellen von $^1/_2$ Pfennig an — also wenn die dritte Dezimalstelle die Zahlen von 5—9 aufweist — nach oben auf volle Pfennigbeträge abrunden.

Regeldetri (Dreisatzrechnung)

7 m kosten 240 *DM;* wieviel kosten 19 m?

$$7\text{ m} = 240\ DM,\ \text{also } 1\text{ m } \frac{240}{7}\ DM,\ 19\text{ m} = \frac{19 \times 240}{7} = 651{,}43\ DM$$

Bei Stoffbreite von 80 cm werden zu einem Kleidungsstück 3½ m Stoff gebraucht; wieviel m sind bei einer Breite von 70 cm erforderlich?

Bei 80 cm Breite sind $3^1/_2 = {}^7/_2$ m erforderlich

bei 1 cm Breite sind $\frac{7 \times 80}{2}$ m erforderlich,

bei 70 cm Breite $\frac{7 \times 80}{2 \times 70}$ gekürzt $\frac{1 \times 40}{1 \times 10} = 4$ Meter

---

6 Arbeiter würden eine Arbeit bei täglich 6 Stunden in 36 Tagen fertigstellen. Nach 4 Tagen scheiden 2 Arbeiter aus; die übrigen arbeiten nun täglich 8 Stunden. In wieviel Tagen wird die ganze Arbeit fertig?

Zuerst ist festzustellen, wieviel von allen Personen in den ersten 4 Tagen bis zum Ausscheiden der beiden geleistet worden ist.

In 36 Tagen vollbringen 6 Arbeiter 1 Arbeit,

in 4 Tagen vollbringen 6 Arbeiter $\frac{1 \times 4}{36} = {}^1/_9$ Arbeit;

${}^1/_9$ der Arbeit wurde bis zum Wechsel fertig

${}^8/_9$ der Arbeit blieben noch zu erledigen;

6 Arbeiter fertigen bei 6 Stunden eine Arbeit in 36 Tagen,

4 Arbeiter fertigen bei 8 Std. ${}^8/_9$ Arbeit in $\frac{36 \times 6 \times 6 \times 8}{4 \cdot 8 \cdot 9} = 36$ Tagen;

dazu 4 Tage der gemeinschaftlichen Arbeit, ergibt 40 Tage.

Zu 6 Hemden braucht man 16 m Leinwand, wenn diese 80 cm breit ist; wieviel Meter sind zu 18 Hemden erforderlich, wenn die Leinwand 1 m breit ist?

$$\frac{16 \times 18 \times 80}{6 \times 100} \text{ gekürzt } \frac{16 \times 3 \times 4}{1 \times 5} = 38{,}5 \text{ Meter.}$$

Gesellschaftsrechnung

Von einer Summe Geldes soll erhalten: A $1/5$, B $1/4$, C $3/8$ und D den Rest im Betrage von 2800 *DM*. Wie hoch ist die ganze Summe und wieviel erhält A, B und C?

Ausrechnung:

		40
A erhält	$1/5$	8
B „	$1/4$	10
C „	$3/8$	15
A, B, C zusammen		$33/40$
D erhält 2800 *DM*		$= 7/40$
Die ganze Summe		$(40/40)$

beträgt $\frac{2800 \times 40}{7} = 16000$ *DM*

Von 16 000 *DM*

erhält A	$1/5$	= 3200	*DM*
B	$1/4$	= 4000	„
C	$3/8$	= 6000	„
D	$7/40$	= 2800	„
Zusammen		16 000	*DM*

Ein Behälter kann durch 4 Rohre entleert werden. Rohr A leert ihn in 1 Std., B in $3/4$ Std., C in $1/2$ Std., Rohr D in $1/4$ Std. In welcher Zeit wird er entleert, wenn alle Rohre zugleich geöffnet werden?

Ausrechnung:

Zuerst feststellen, welcher Teil des Behälters von den Rohren im einzelnen und im ganzen in dem gleichen Zeitraum entleert wird. (1 Stunde geteilt durch Anzahl der Rohre = $1/4$ Stunde)

Rohr A leert in	$1/4$	Stunde	$1/4$	Behälter	$= 3/12$	zus.: $25/12$
„ B „ „	$1/4$	„	$1/3$*	„	$= 4/12$	
„ C „ „	$1/4$	„	$1/2$	„	$= 6/12$	
„ D „ „	$1/4$	„	$1/1$	„	$= 12/12$	

4 Rohre in $1/4$ Stunde $25/12$ Behälter.

$25/12$ in 15 Min.; $12/12$ in $\frac{15 \times 12}{25} = 7\frac{1}{5}$ Min.

* In $3/4$ Std. = $1/1$ Behälter; in $1/4$ Std. $\frac{1 \times 3}{1} = 1/3$ Behälter.

Prozentrechnung

Von einer Rechnung im Betrage von 7345,60 *DM* ist ein Abzug von $2\frac{1}{2}\,\%$ zu machen. Wie hoch ist die abzuziehende Summe?

$$\frac{\text{Prozentsatz} \times \text{Rechnungsbetrag}}{\text{geteilt durch } 100}$$

Abzug von 100 *DM* bei $2\frac{1}{2}$ Prozent = 2,50 *DM*

„ „ 1 „ „ „ „ $\frac{2{,}50}{100}$ *DM*

„ „ 7345,60 *DM* $\frac{7345{,}60 \times 2{,}50}{100} = 183{,}64$ *DM*

In kleinen Mengen eingekauft kostet eine Ware 165 *DM*, in größeren Mengen 132 *DM*. Um wieviel Prozent kauft man in letzterem Falle billiger ein?

Ersparnis bei 165 *DM* (165 — 132) = 33 *DM*

„ „ 1 „ $\frac{33}{165}$ *DM*.

bei 100 *DM* = $\frac{33 \times 100}{165}$ = 20 *DM*, also 20 Prozent.

Ein Gärtner pflanzt Früh- und Spätgemüse; beim Verkauf bringt das Frühgemüse 700 *DM*, das Spätgemüse 560 *DM*. Wieviel Prozent hat ersteres mehr Gewinn gebracht?

Mehrgewinn bei 560 *DM* (700—560) = 140 *DM*

„ „ 1 „ $\frac{140}{560}$ *DM*

bei 100 *DM* = $\frac{140 \times 100}{560}$ = 25 *DM*, also 25 Prozent

Bei jeder Prozentrechnung muß also die Zahl 100 in Ansatz kommen. Prozent heißt „für Hundert". Der Ansatz richtet sich nach der Fragestellung.

An Jahreslöhnen sind für eine Werkstatt 928 000 *DM* zu zahlen. Die jährlichen Ausgaben für Werkstattleitung und sonstige persönliche Unkosten für Boten usw. betragen 203 000 *DM*. Wieviel Prozent sind den Grundlöhnen (d. h. den Löhnen, die nach Abzug der Unkosten verbleiben) als Aufschlag den einzelnen Arbeiten der Werkstatt hinzuzurechnen, damit die Gesamtlöhne verrechnet werden?

Jahreslöhne im ganzen	928 000 *DM*
Jährliche Unkosten . .	203 000 *DM*
bleiben Grundlöhne . .	725 000 *DM*

Bei 725 000 *DM* Grundlöhnen beträgt der Aufschlag 203 000 *DM*

„ 100 „ $\frac{203000 \times 100}{725000} = 28$ *DM*, also 28 Prozent

---

Die Herstellungskosten der Erzeugnisse einer Werkstatt betragen für 160 000 Stück 68 000 *DM*. Für allgemeine Geschäftsunkosten (Betriebsleitung, Miete, Abschreibungen, Steuern usw.) sind den Herstellungskosten 60 Prozent Aufschlag hinzuzurechnen. Wie hoch ist der Verkaufspreis für 100 Stück, wenn ein Gewinn von 20 Prozent erzielt werden soll?

Herstellungskosten für	160 000 Stück	= 68 000 *DM*
dazu 60 % Aufschlag	$\frac{68000 \times 60}{100}$	= 40 800 *DM*
mithin Selbstkosten für	160 000 Stück	= 108 800 *DM*
dazu 20 % Gewinn	= $\frac{108800 \times 20}{100}$	= 21 760 *DM*
mithin Verkaufspreis f.	160 000 Stück	= 130 560 *DM*
also für 100 Stück	= $\frac{130560 \times 100}{160000}$	= 81,60 *DM*

Herstellungskosten enthalten allgemein nur die Werkstattkosten, also die Löhne einschl. der Unkosten für Werkstattleitung, Antriebskraft, Abnutzung und Instandhaltung der Maschinen usw. Die Selbstkosten enthalten die Werkstattkosten und den Anteil an den allgemeinen Verwaltungskosten.

Zu 4310 *DM* Selbstkosten soll ein Gewinnaufschlag von 22½ Prozent gemacht werden; wie hoch ist die Gewinnsumme, wie hoch der Verkaufspreis?

$$\text{Gewinnsumme} = \frac{22,5 \times 4310}{100} = 969,75 \; DM$$

$$\text{Verkaufspreis} = 4310 + 969,75 = 5279,75 \; DM$$

Selbstkosten .	= 560 *DM*	Selbstkosten	= 1742 *DM*
Verkaufspreis	= 672 „	Verkaufspreis	= 1550 „
Gewinn	= 112 *DM*	Verlust	= 192 *DM*

Wieviel Prozent sind Gewinn bzw. Verlust?

Gewinn bei 560 *DM* = 112 *DM*

„ „ 1 „ $\frac{112}{560}$ „

bei 100 *DM* $= \frac{112 \times 100}{560} =$ 20 *DM*

also Gewinn 20 Prozent.

Verlust bei 1742 *DM* = 192 *DM*

„ „ 1 „ $\frac{192}{1742}$ „

bei 100 *DM* $= \frac{192 \times 100}{1742} =$ 11,02 *DM*

also Verlust 11,02 Prozent.

Statistik

Unter 3750 beschäftigten Personen befinden sich 1650 Handwerker, 1950 Arbeiter und 150 Arbeiterinnen; wieviel Prozent entfallen auf die einzelnen Gruppen?

$$1650 \text{ Handwerker} = \frac{1650 \times 100}{3750} = 44\,\%$$

$$1950 \text{ Arbeiter} = \frac{1950 \times 100}{3750} = 52\,\%$$

$$150 \text{ Arbeiterinnen} = \frac{150 \times 100}{3750} = 4\,\%$$

zus. 3750 Personen — zus. 100 %

Zinsen nach Jahren

Wieviel Zinsen bringen 4560 *DM* Kapital zu 6 % in 3 Jahren?

100 *DM* br. in 1 J. 6 *DM* Zs.

1 „ „ „ 1 „ $\frac{6}{100}$ *DM*

4560 „ „ „ 1 „ $\frac{6 \times 4560}{100}$ *DM*

4560 „ „ „ 3 „ $\frac{6 \times 4560 \times 3}{100}$ *DM*

= 820,80 *DM* Zinsen

Kürzer nach der Formel:

$$\frac{\text{Kapital} \times \text{Zinsfuß} \times \text{Jahre}}{\text{geteilt durch } 100}$$

also $\frac{4560 \times 6 \times 3}{100} = 820{,}80$ *DM*

Wieviel Zinsen bringen 3480 *DM* zu 6½ % in 4½ Jahren?

$$\frac{3480 \times 6{,}5 \times 4{,}5}{100} = 1017{,}90 \text{ DM}$$

Zinsen nach Monaten

Wieviel Zinsen bringen 760 *DM* zu 6% in 5 Monaten?

100 *DM* br. in 12 Mon. 6 *DM* Zs.

1 „ „ „ 1 „ $\frac{6}{100 \times 12}$ *DM*

760 „ „ „ 5 „ $\frac{6 \times 760 \times 5}{100 \times 12}$

= 19 *DM* Zinsen

Kürzer nach der Formel:

$$\frac{\text{Kapital} \times \text{Zinsfuß} \times \text{Monate}}{\text{geteilt durch } 100 \times 12}$$

also $\frac{760 \times 6 \times 5}{1200} = 19$ *DM*

Wieviel Zinsen bringen 2640 *DM* zu 7½ % in 8½ Monaten?

$$\frac{2640 \times 7{,}5 \times 8{,}5}{1200} = 140{,}25 \text{ DM}$$

Zinsen nach Tagen

$$\frac{\text{Kapital} \times \text{Tage} \times \text{Zinsfuß}}{\text{geteilt durch } 360 \times 100} \quad \text{oder kürzer mit Tageszahlen} \quad \frac{\text{Kapital} \times \text{Tage}}{\text{Tageszahl} \times 100}$$

Bei Zinsen nach Tagen wird das Jahr zu 360 Tagen gerechnet. Tageszahlen werden ermittelt durch Teilung (Division) von 360 durch den Zinsfuß $\frac{360}{\text{Zinsfuß}}$

Solche Tageszahlen (Zinsdivisoren) sind bei

1	Prozent	= 360	$3\frac{1}{3}$	Prozent	= 108	$7\frac{1}{2}$	Prozent	= 48
$1\frac{1}{2}$	„	= 240	$3\frac{3}{4}$	„	= 96	8	„	= 45
2	„	= 180	4	„	= 90	9	„	= 40
$2\frac{1}{4}$	„	= 160	$4\frac{1}{2}$	„	= 80	10	„	= 36
$2\frac{1}{2}$	„	= 144	5	„	= 72	12	„	= 30
3	„	= 120	6	„	= 60		usw.	

Beispiele:

Wieviel Zinsen bringen 3960 *DM* zu 8 % in 50 Tagen?

100 *DM* in 360 Tg. 8 *DM* Zs.

1 „ „ 1 Tag $\frac{8}{100 \times 360}$ *DM*

3960 „ „ 50 Tg. $\frac{8 \times 50 \times 3960}{100 \times 360}$

= 44 *DM* Zinsen

Kürzer nach der Formel:

$$\frac{\text{Kapital} \times \text{Tage} \times \text{Zinsfuß}}{\text{geteilt durch } 360 \times 100}$$

$$\frac{3960 \times 50 \times 8}{36000} = 44 \textit{ DM} \text{ Zinsen}$$

Oder bei Berechnung mit Tageszahlen:

$$\frac{3960 \times 50}{4500\ (45 \times 100)} = 44 \textit{ DM} \text{ Zinsen}$$

Wieviel Zinsen bringen 4680 *DM* zu 7½ % in 65 Tagen? (Tageszahl bei 7½% = 48)

$$\frac{4680 \times 65}{4800} = 63{,}375 \text{ abgerundet } 63{,}38 \textit{ DM}$$

Zinsrechnung

Wie groß ist das Kapital, welches zu 5 Prozent ausgeliehen in 80 Tagen 75 Mark Zinsen bringt?

Ausrechnung:

Zu 5 *DM*	Zinsen in	360 Tagen	sind erforderlich	100 *DM*
„ 1 „	„ „	360 „	„ „	$\frac{100}{5}$
„ 75 „	„ „	360 „	„ „	$\frac{100 \times 75}{5}$
„ 75 „	„ „	1 Tag „	„	$\frac{100 \times 75 \times 360}{5}$
„ 75 „	„ „	80 Tagen „	„	$\frac{100 \times 75 \times 360}{5 \times 80}$

gekürzt: $\frac{1 \times 75 \times 90}{1 \times 1} = 6750$ *DM*

2880 *DM* bringen in 80 Tagen 51,20 *DM* Zinsen; zu wieviel Prozent ist das Kapital ausgeliehen?

Ausrechnung:

2880 *DM* bringen in	80 Tagen	. . 51,20	*DM* Zinsen
1 „ „ „	80 „	. . . . $\frac{51{,}20}{2880}$	*DM*
100 „ „ „	80 „	. . . $\frac{51{,}20 \times 100}{2880}$	*DM*
100 „ „ „	1 Tag	. . . $\frac{51{,}20 \times 100}{2880 \times 80}$	*DM*

100 „ „ „ 360 Tagen (1 Jahr) =

$\frac{51{,}20 \times 100 \times 360}{2880 \times 80}$ gekürzt: $\frac{1{,}60 \times 5 \times 1}{1 \times 1} = 8$ *DM*

das Kapital ist also zu 8 Prozent ausgeliehen.

Zinsrechnung

2400 *DM* brachten bei 6 Prozent 64 *DM* Zinsen; wie lange war das Kapital ausgeliehen?

Ausrechnung:

100 *DM*	br.	6 *DM*	Zinsen	in	360 Tagen
1 „	„	6 „	„	„	360×100 „
2400 „	„	6 „	„	„	$\frac{360 \times 100}{2400}$ „
2400 „	„	1 „	„	„	$\frac{360 \times 100}{2400 \times 6}$ „
2400 „	„	64 „	„	„	$\frac{360 \times 100 \times 64}{2400 \times 6}$ „

gekürzt: $\frac{1 \times 20 \times 8}{1 \times 1}$ in 160 Tagen

---

In welcher Zeit ist ein Kapital von 6000 *DM*, zu 5 Prozent ausgeliehen, einschl. Zinsen auf 7650 *DM* angewachsen?

Ausrechnung:

Jetziges Kapital	=	7650 *DM*
früheres Kapital	=	6000 „
mithin Zinsen	=	1650 *DM*

6000 *DM* bringen zu 5 Prozent ausgeliehen

in 1 Jahr $\frac{6000 \times 5}{100} = 300$ *DM* Zinsen;

zu 300 *DM* Zinsen ist erforderlich 1 Jahr,

„ 1 „ „ „ „ $\frac{1}{300}$ „

„ 1650 „ „ sind erforderlich $\frac{1 \times 1650}{300}$

= 5½ Jahre.

In welchem Zeitraum bringen 1500 *DM*, zu 6 Prozent ausgeliehen, ebensoviel Zinsen wie 2000 *DM*, die zu 5 Prozent verliehen sind?

Ausrechnung:

1500 *DM* zu 6% bringen in 1 Jahr $\frac{1500 \times 6}{100}$ = 90 *DM* Zinsen

2000 „ „ 5% „ „ 1 „ $\frac{2000 \times 5}{100}$ = 100 „ „

So oft nun 90 in 100 enthalten ist, so lange müssen obige 1500 *DM* ausstehen; also 100 : 90 = $1^1/_9$ = 1 Jahr und 40 Tage.

($^1/_9$ Jahr = 360 : 9 = 40 Tage.)

Wechsel-Diskontrechnung

Ein am 10. Juni fälliger Wechsel über 5000 *DM* wird am 10. April verkauft; wieviel beträgt der Diskont bei 6 Prozent?

Ausrechnung:

Laufzeit: April 20 Tage, Mai 30, Juni 10, zusammen 60 Tage.

(Jeder Monat wird mit 30 Tagen, das Jahr mit 360 Tagen berechnet.)

$$\frac{\text{Kapital} \times \text{Tage} \times \text{Zinsfuß}}{\text{geteilt durch } 360 \times 100} \text{ also } \frac{5000 \times 60 \times 6}{36000} = 50 \text{ DM}$$

oder kürzer bei Berechnung mit Tageszahlen (Zinsdivisoren):

$$\frac{\text{Kapital} \times \text{Tage}}{\text{geteilt durch } 100 \times \text{Tageszahl}} \text{ also } \frac{5000 \times 60}{6000^*} = 50 \text{ DM}$$

* Tageszahl ist bei 6 Prozent = 60

Ermittlung der Tageszahlen siehe Seite 54

Rechnen mit englischen Pfunden, Schillingen und Pence

1 Pfund (£) = 20 Schillinge (sh) = 240 Pence (d)
1 Schilling = 12 Pence.

Beispiele:

Addition

£	sh	d
32	8	7
3	15	6
36	4	1

Subtraktion

£	sh	d
24	12	3
6	18	9
17	13	6

Umrechnung von Schillingen und Pence in Dezimalstellen von einem Pfund

1 sh = $^1/_{20}$ = 0,05 £; 1 d = $^1/_{240}$ = 0,0041 £

Um Schillinge und Pence als Dezimalbruch niederzuschreiben, multipliziert man die Anzahl der Schillinge mit 5 (1 sh = 0,05 £) und die Anzahl der Pence mit 4 (1 Pence = 0,0041 £) unter Berücksichtigung der entsprechenden Dezimalstellen.

Beispiel:

27 £ 16 sh 4 d = 27,816 £ (16×5 = 80; 4×4 = 16)

Um einen Dezimalbruch englischer Währung in Schillinge und Pence zu verwandeln, dividiert man die ersten zwei Stellen hinter dem Komma durch 5, den etwaigen Rest nebst der dritten Stelle durch 4.

Beispiel:

25,844 £ = 25 £ 16 sh 11 d
(84 : 5 = 16 Rest 4; 44 : 4 = 11)

Papierberechnung

Das Deutsche Industrie-Norm-Format (Din-Format) Reihe A des ungeschnittenen Fabrikbogens ist 84,1 × 118,9 cm; bei dieser Größe hat der Bogen einen Flächeninhalt von rund 1 qm (84,1 × 118,9 = 9999,49 qcm = rund 1 qm). Das Gewicht eines Fabrikbogens ist also zugleich sein qm-Gewicht. Beim Hälfteln, Vierteln oder Achteln des Bogens bleibt das gleiche Verhältnis der Länge zur Breite bestehen, weil das Seitenverhältnis auf dem Verhältnis der Seitenlänge des Quadrats zur Diagonale beruht. Der Viertelbogen (A 4) hat eine Größe von 21 × 29,7 cm; er entsteht durch viermaliges Schneiden oder Falzen des Vierfachbogens (Fabrikbogens) und stellt 1/16 desselben dar. Berechnungen des Gewichts von Bogenteilen und des qm-Gewichts aus Bogenteilen sind infolge der Übereinstimmung des Bogen- und qm-Gewichts sehr einfach.

Beispiele:

Bei einem qm-Gewicht von 72 g wiegen

1000	Vierfachbogen	(84,1 × 118,9 cm)	1000 × 72 g	=	72 kg
2375	„	„	2375 × 72 g	=	171 kg
1	Viertelbogen	(21 × 29,7 cm)	72 : 16	=	4,5 g
1750	„	1750 × 4,5 g		=	7,875 kg

Berechnung des qm-Gewichts aus Bogenteilen:

1 Viertelbogen (A 4) wiegt 5 g

also 1 ganzer (Vierfach)-Bogen 16 × 5 = 80 g

Bei Papier, dessen Größe nicht dem Din-Format entspricht, ist auch die Papierberechnung nach anderen Grundsätzen vorzunehmen, weil Bogen- und qm-Gewicht nicht übereinstimmen.

Beispiele:

Wie hoch ist das qm-Gewicht eines Papiers in Größe 80 × 115 cm, wenn ein Bogen 96,6 g wiegt?

$$1 \text{ Bogen } 80 \times 115 \text{ cm} = 9200 \text{ qcm} = 96{,}6 \text{ g}$$

$$1 \text{ „} = \frac{96{,}6}{9200} \text{ g}$$

$$\text{mithin } 1 \text{ qm } (100 \times 100 \text{ cm}) = 10000 \text{ qcm} = \frac{96{,}6 \times 10000}{9200} = 105 \text{ g}$$

---

1 Blatt Kartonpapier in Größe 18×23 cm wiegt 16 g wie schwer ist 1 qm?

$$1 \text{ Blatt } 18 \times 23 \text{ cm} = 414 \text{ qcm} = 16 \text{ g}$$

$$1 \text{ qcm} = \frac{16}{414} \text{ g}$$

$$1 \text{ qm } (100 \times 100 \text{ cm}) = 10000 \text{ qcm} = \frac{16 \times 10000}{414} = 386{,}4 \text{ g}$$

Welches Gewicht haben 1000 Bogen Papier, in Größe 60 × 72 cm, wenn 1 qm 90 g wiegt?

$$1 \text{ qm } (100 \times 100 \text{ cm}) = 10000 \text{ qcm} = 90 \text{ g}$$

$$1 \text{ Bogen } 60 \times 72 \text{ cm} = 4320 \text{ qcm} = \frac{90 \times 4320}{10000} \text{ g}$$

$$1000 \text{ Bogen } 60 \times 72 \text{ cm also } \frac{90 \times 4320 \times 1000}{10000}$$

$$= 38880 \text{ g} = 38{,}880 \text{ kg}$$

Wieviel kosten 1000 Bogen Papier in Größe von 45 × 68 cm, wenn 1 qm 90 g wiegt und 1 kg 0,65 *DM* kostet?

$$1 \text{ qm } (100 \times 100 \text{ cm}) = 10000 \text{ qcm} = 90 \text{ g}$$

$$1 \text{ Bogen } (45 \times 68 \text{ cm}) = 3060 \text{ qcm} = \frac{90 \times 3060}{10000} \text{ g}$$

$$1000 \text{ Bogen} = \frac{90 \times 3060 \times 1000}{10000} = 27540 \text{ g} = 27{,}540 \text{ kg}$$

1 kg kostet 0,65 *DM;* mithin kosten
27,540 kg = 0,65 × 27,540 = 17,90 = 17,90 *DM*

Wieviel kosten 2500 Bogen Papier in Größe von 60 × 80 cm, wenn 1 qm 90 g wiegt, und 1 kg 0,58 *DM* kostet?

$$1 \text{ qm } (100 \times 100 \text{ cm}) = 10000 \text{ qcm} = 90 \text{ g}$$

$$1 \text{ Bogen } (60 \times 80 \text{ cm}) = 4800 \text{ qcm} = \frac{90 \times 4800}{10000} \text{ g}$$

$$2500 \text{ Bogen} = \frac{90 \times 4800 \times 2500}{10000} = 108000 \text{ g} = 108 \text{ kg}$$

1 kg kostet 0,58 *DM;* mithin kosten
108 kg = 0,58 × 108 = 62,64 *DM*

Wieviel kostet 1 kg Papier bei einem qm-Gewicht von 110 g, wenn 1000 Bogen in Größe von 60×90 cm 44,55 *DM* kosten?

$$1 \text{ qm } (100 \times 100 \text{ cm}) = 10000 \text{ qcm} = 110 \text{ g}$$

$$1 \text{ Bogen } (60 \times 90 \text{ cm}) = 5400 \text{ qcm} = \frac{110 \times 5400}{10000} \text{ g}$$

$$1000 \text{ Bogen} = \frac{1000 \times 110 \times 5400}{10000} = 59400 \text{ g} = 59{,}4 \text{ kg}$$

59,4 kg kosten 44,55 *DM;* mithin kostet
1 kg 44,55 : 59,4 = 0,75 *DM*

Papierbedarf zur Auflage

Wieviel Bogen Papier sind erforderlich, wenn die Auflage 150 Stück, der Umfang des Buches 56 Seiten ($3\frac{1}{2}$ Bogen Oktav) beträgt, und das Papier doppelt liegt, also der ganze Papierbogen 2 Oktavbogen ergibt? (1 Oktavbogen umfaßt 16 Seiten, also 8 Papierblätter.)

$$\frac{\text{Auflage} \times \text{Umfang}}{\text{geteilt durch } 2} \text{ also } \frac{150 \times 3\frac{1}{2}}{2} = 262\frac{1}{2}$$

abgerundet: 263 Bogen.

Wieviel Bogen Papier sind erforderlich, wenn die Auflage 3200 Stück, der Umfang des Buches 50 Seiten ($3^1/_8$ Bogen Oktav) beträgt, und das Papier vierfach liegt, also der ganze Papierbogen 4 Oktavbogen ergibt?*

$$\frac{\text{Auflage} \times \text{Umfang}}{\text{geteilt durch } 4} \text{ also } \frac{3200 \times 3^1/_8}{4} = 2500 \text{ Bogen.}$$

Wieviel kg Papier sind erforderlich zu einer Auflage von 250 000 Bogen in Größe von 42 × 66 cm, wenn das qm-Gewicht 110 g beträgt?

$$1 \text{ Bogen} = 42 \times 66 \text{ cm} = 2772 \text{ qcm}$$

$$250\,000 \text{ Bogen} = \frac{250\,000 \times 2772}{10000^*} = 69\,300 \text{ qm}$$

$* \ 1 \text{ qm} = 100 \times 100 \text{ cm} = 10\,000 \text{ qcm}$

1 qm wiegt 110 g

69 300 qm (250 000 Bogen) wiegen $69\,300 \times 110 = 7\,623\,000 \text{ g} = 7623 \text{ kg}$

$$\text{kürzer: } \frac{\text{Bogenfläche} \times \text{Auflage} \times \text{qm-Gewicht}}{\text{geteilt durch } 10\,000 \times 1000}$$

$$\text{also: } \frac{42 \times 66 \times 250\,000 \times 110}{10\,000 \times 1000} = 7623 \text{ kg}$$

Eine Broschüre von 56 Seiten Umfang (3½ Bogen Oktav), bei einer Seitengröße von 11 × 17 cm (unbeschnitten), soll in einer Auflage von 100 000 Stück durch Rotationsdruck hergestellt werden;

A. wieviel kg sind einschließlich 5 Prozent Zuschuß erforderlich, wenn das Quadratmetergewicht des Papiers 80 g beträgt?

B. wieviel kostet das Papier, wenn 1 kg 0,50 *DM* kostet? (1 Bogen Oktav umfaßt 16 Seiten, also 8 Papierblätter.)

Ausrechnung zu A:

Bei der Seitengröße 11 × 17 cm hat ein Oktavbogen Papier eine Bogenfläche von (4 × 11) 44 × (2 × 17) 34 cm = 1496. qcm.

Zur Auflage sind bei dieser Bogengröße erforderlich: (Umfang × Auflage) = 3½ × 100 000 = 350 000 Bogen;

$$\text{das sind } \frac{350\,000 \times 1496 \text{ (Bogengröße)}}{\text{geteilt durch } 10\,000^*} = 52\,360 \text{ qm.}$$

* 1 qm = 100 × 100 cm = 10 000 qcm

1 qm wiegt 80 g,
52 360 qm (350 000 Bogen) wiegen 52 360 × 80 g = 4 188 800 g = 4188,8 kg abgerundet: 4189 kg **

$$\text{dazu } 5\% \text{ Zuschuß } \frac{4189 \times 5}{100} = 209{,}45 = \underline{210 \text{ kg}}$$

zusammen = 4399 kg

**Kürzer:

$$\frac{\text{Umfang} \times \text{Auflage} \times \text{Bogenfläche} \times \text{qm-Gewicht}}{\text{geteilt durch } 10\,000 \times 1000}$$

$$\text{also: } \frac{3\tfrac{1}{2} \times 100\,000 \times 1496 \times 80}{10\,000 \times 1000} = 4188{,}8 = 4189 \text{ kg}$$

dazu 5% = 210 kg Zuschuß, zusammen = 4399 kg

Ausrechnung zu B:

1 kg kostet 0,50 *DM;* 4399 kg kosten 2199,50 *DM*

Soll- und Ist-Ergebnis (Rollenpapier)

Eine Rolle Papier soll bei einer Breite von 66 cm 10 000 m enthalten; sie ergab 45 640 Bogen in Größe 33 × 42 cm;

A. wieviel m hat die Rolle ergeben?

B. wieviel Prozent sind gegen das Soll-Ergebnis mehr oder weniger geliefert worden?

Ausrechnung zu A:

$$\frac{45\,640 \text{ Bogen} \times 42 \text{ cm}}{\text{geteilt durch } 2^{*}} = 958\,440 \text{ cm, abgerundet } 9584 \text{ m}$$

* Rollenbreite 66 cm, Bogenbreite 33 cm, daher zu teilen durch 2.

Ausrechnung zu B:

Soll-Ergebnis . . . 10 000 m	Bei 10 000 m 416 m weniger,
Ist-Ergebnis . . . . 9 584 m	
mithin weniger 416 m	bei 100 m $\frac{416 \times 100}{10000} = 4{,}16\%$

Papierberechnung (Zuschuß)

Bei 16 450 Bogen Auflagepapier wurden 350 Bogen Zuschuß gebraucht. Wieviel Prozent sind das?

$$\frac{\text{Zuschuß} \times 100}{\text{geteilt durch Auflage}} \quad \text{also: } 350 \times 100 = 35\,000 : 16450 = 2{,}127$$

auf 2 Dezimalstellen abgerundet: 2,13 Prozent

Zu 9450 Bogen sollen 3 Prozent Zuschuß gegeben werden. Wieviel Bogen Zuschuß sind das?

$$\frac{\text{Prozent} \times \text{Auflage}}{\text{geteilt durch } 100} \quad \text{also: } \frac{3 \times 9450}{100} = 3 \times 94{,}50 = 283{,}5$$

abgerundet: 284 Bogen.

FSC
www.fsc.org
MIX
Papier | Fördert gute Waldnutzung
FSC® C083411

Zeitfracht Medien GmbH
Ferdinand-Jühlke-Straße 7
99095 Erfurt, Deutschland
produktsicherheit@kolibri360.de